国家基本职业培训包（指南包　课程包）

数控车工

（试行）

人力资源和社会保障部职业能力建设司编制

中国劳动社会保障出版社

图书在版编目（CIP）数据

数控车工：试行/人力资源和社会保障部职业能力建设司编制. --北京：中国劳动社会保障出版社，2017

（国家基本职业培训包：指南包　课程包）

ISBN 978 - 7 - 5167 - 3305 - 9

Ⅰ.①数…　Ⅱ.①人…　Ⅲ.①数控机床-车床-车削-职业培训-教学参考资料　Ⅳ.①TG519.1

中国版本图书馆 CIP 数据核字（2017）第 283305 号

中国劳动社会保障出版社出版发行

（北京市惠新东街 1 号　邮政编码：100029）

*

北京谊兴印刷有限公司印刷装订　　新华书店经销

880 毫米 × 1230 毫米　16 开本　9.5 印张　175 千字

2017 年 11 月第 1 版　　2020 年 7 月第 2 次印刷

定价：30.00 元

读者服务部电话：（010）64929211/84209101/64921644

营销中心电话：（010）64962347

出版社网址：http://www.class.com.cn

编 制 说 明

为贯彻落实《中华人民共和国国民经济和社会发展第十三个五年规划纲要》提出的“实行国家基本职业培训包制度”的要求，按照《人力资源和社会保障部办公厅关于推进职业培训包工作的通知》(人社厅发〔2016〕162号)的部署安排，“十三五”期间，组织开发培训需求量大的100个左右国家基本职业培训包，指导开发100个左右地方(行业)特色职业培训包。到“十三五”末，力争全面建立国家基本职业培训包制度，普遍应用职业培训包开展各类职业培训。在征求各地培训需求的基础上，经调研论证，人力资源和社会保障部组织有关行业专家编制了首批中式烹调师等10个职业的国家基本职业培训包。

国家基本职业培训包是集培养目标、培训要求、培训内容、课程规范、考核大纲、教学资源等为一体的职业培训资源总合，是职业培训机构对劳动者开展政府补贴职业培训服务的工作规范和指南，对于加强职业培训规范化、科学化管理，促进职业培训与就业需求有效衔接，推行终身职业培训制度具有积极作用。

此次编制的中式烹调师等10个职业的国家基本职业培训包遵循《职业培训包开发技术规程(试行)》的要求，依据国家职业技能标准或企业岗位技术规范，结合新经济、新产业、新职业发展编制，力求客观反映现阶段本职业(工种)的技术水平、对从业人员的要求和职业培训教学规律。

《国家基本职业培训包(指南包　课程包)——数控车工(试行)》是在各

有关专家的共同努力下完成的。参加编审的主要人员有程华、张献锋、张丰、郝永刚、刘睿、朱永亮、王小芳、洪俊杰、鲁国军、许秦、芦耀武、牛增慧、赵鹏，在编制过程中得到了北京工业技师学院、宁波技师学院、西安技师学院等有关单位的大力支持，在此一并致谢。

国家基本职业培训包编审委员会

目录

1 指南包

1.1 职业培训包使用指南 …… 002

1.1.1 职业培训包结构与内容 …… 002
1.1.2 培训课程体系介绍 …… 003
1.1.3 培训课程选择指导 …… 014
1.1.4 各类资源使用说明 …… 014

1.2 职业指南 …… 015

1.2.1 职业描述 …… 015
1.2.2 职业培训对象 …… 015
1.2.3 就业前景 …… 015

1.3 培训机构设置指南 …… 015

1.3.1 师资配备要求 …… 015
1.3.2 培训场所设备配置要求 …… 016
1.3.3 教学资料配备要求 …… 020
1.3.4 管理人员配备要求 …… 020
1.3.5 管理制度要求 …… 020

2 课程包

2.1 培训要求 …… 022

2.1.1 职业基本素质培训要求 …… 022
2.1.2 中级职业技能培训要求 …… 024

2.1.3 高级职业技能培训要求……028
2.1.4 技师职业技能培训要求……032
2.1.5 高级技师职业技能培训要求……035

2.2 课程规范……037

2.2.1 职业基本素质培训课程规范……037
2.2.2 中级职业技能培训课程规范……048
2.2.3 高级职业技能培训课程规范……062
2.2.4 技师职业技能培训课程规范……072
2.2.5 高级技师职业技能培训课程规范……079
2.2.6 培训建议中培训方法说明……084

2.3 考核规范……085

2.3.1 职业基本素质培训考核规范……085
2.3.2 中级职业技能培训理论知识考核规范……088
2.3.3 中级职业技能培训操作技能考核规范……090
2.3.4 高级职业技能培训理论知识考核规范……092
2.3.5 高级职业技能培训操作技能考核规范……094
2.3.6 技师职业技能培训理论知识考核规范……095
2.3.7 技师职业技能培训操作技能考核规范……097
2.3.8 高级技师职业技能培训理论知识考核规范……098
2.3.9 高级技师职业技能培训操作技能考核规范……099

附录 培训要求与课程规范对照表

附录 1 职业基本素质培训要求与课程规范对照表……102
附录 2 中级职业技能培训要求与课程规范对照表……112
附录 3 高级职业技能培训要求与课程规范对照表……125
附录 4 技师职业技能培训要求与课程规范对照表……134
附录 5 高级技师职业技能培训要求与课程规范对照表……140

1

指南包

1.1 职业培训包使用指南

1.1.1 职业培训包结构与内容

数控车工职业培训包由指南包、课程包、资源包三个子包构成，结构如图 1 所示。

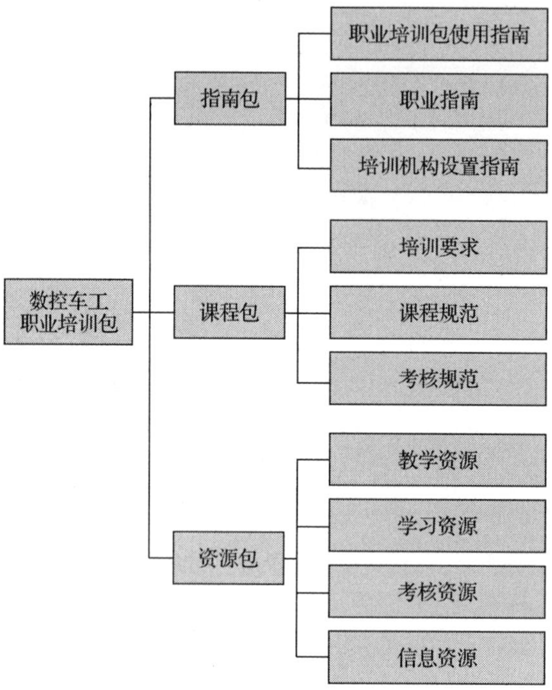

图 1　职业培训包结构图

指南包是指导培训机构、培训教师与学员开展职业培训的服务性内容总合，包括职业培训包使用指南、职业指南和培训机构设置指南。职业培训包使用指南是培训教师与学员了解职业培训包内容、选择培训课程、使用培训资源的说明性文本；职业指南是对职业信息的概述；培训机构设置指南是对培训机构开展职业培训提出的具体要求。

课程包是培训机构与教师实施职业培训、培训学员接受职业培训必须遵守的规范总合，包括培训要求、课程规范、考核规范。培训要求是参照国家职业标准、结合职业岗位工作实际需求制定的职业培训规范；课程规范是依据培训要求、结合职业培训教学规律，对课程设置、培训学时、课程内容与培训方法等所做的统一规定；考核规范是针对课程规范中所规定的课程内容开发的，能够科学评价培训学员过程性学习效果与终结性培训成果的规则，是客观衡量培训学员职业基本素质与职业技能水平的标准，也是实施职业培训过程性与终结性考核的依据。

资源包是依据课程包要求，基于培训学员特征，遵循职业培训教学规律，应用先进职业培训课程理念，开发的多媒介、多形式的职业培训与考核资源总合，包括教学资源、学习资源、考核资源和信息资源。教学资源是为培训教师组织实施职业培训教学活动提供的相关资源；学习资源是为培训学员学习职业培训课程提供的相关资源；考核资源是为培训机构和教师实施职业培训考核提供的相关资源；信息资源是为培训教师和学员拓展视野提供的体现科技进步、职业发展的相关动态资源。

1.1.2 培训课程体系介绍

数控车工职业培训课程体系依据职业技能等级分为职业基本素质培训课程、中级职业技能培训课程、高级职业技能培训课程、技师职业技能培训课程和高级技师职业技能培训课程，每一类课程包含模块、课程和学习单元三个层级。数控车工职业培训课程体系均源自本职业培训包课程包中的课程规范，以学习单元为基础，形成职业层次清晰、内容丰富的“培训课程超市”。

数控车工职业培训课程学时分配一览表

职业技能等级	课堂学时		其他学时	培训总学时
	职业基本素质培训课程	职业技能培训课程		
中级	100	300	—	400
高级	40	260	—	300
技师	20	200	—	220
高级技师	—	200	—	200

注：课堂学时是指培训机构开展的理论课程教学及实操课程教学的建议最低学时数。除课堂学时外，培训总学时还应包括岗位实习、现场观摩、自学自练等其他学时。

（1）数控车工职业基本素质培训课程

模块	课程	学习单元	课堂学时
1．职业道德	1-1　职业认知	（1）职业认知	1
	1-2　职业道德基本知识	（1）道德与职业道德	2
	1-3　职业守则	（1）数控车工职业守则	1

续表

模块	课程	学习单元	课堂学时
2．基础理论知识	2-1　机械制图	（1）识图与制图基础知识	4
		（2）标注与尺寸链	6
	2-2　工程材料及金属热处理知识	（1）金属材料的性能	2
		（2）常用钢材的性能和热处理方法	4
		（3）常用有色金属的性能和热处理方法	2
		（4）常用非金属工程材料	1
	2-3　机电控制知识	（1）机床电气控制基础知识	2
		（2）液压传动基本原理与典型元器件	1
		（3）典型液压回路	1
		（4）气压传动基本原理与典型元器件	1
		（5）典型气压回路	1
	2-4　计算机基础知识	（1）数制与编码	5
		（2）微型计算机系统	2
	2-5　专业英语基础	（1）数控加工专业英语词汇英汉对照	4
3．机械加工基础知识	3-1　机械原理	（1）机械传动基础知识	6
		（2）简单机械零件	4
	3-2　常用设备知识（分类、用途、基本结构及维护保养方法）	（1）机床的类型及基本构造	2
		（2）金属切削机床定期维护保养规范	2
	3-3　常用金属切削刀具知识	（1）刀具材料及应用	1
		（2）刀具的几何角度对切削性能的影响	4
		（3）常用刀具	1
		（4）切削基础知识	1

续表

模块	课程	学习单元	课堂学时
3．机械加工基础知识	3-4　典型零件加工工艺	（1）轴类零件的工艺过程	2
		（2）盘类零件的工艺过程	2
		（3）套类零件的工艺过程	2
	3-5　设备润滑和冷却液的使用方法	（1）润滑剂及其使用	1
		（2）切削液及其使用	1
	3-6　工具、夹具、量具的使用与维护知识	（1）常用工具及其使用	1
		（2）常用夹具及其使用与维护	1
		（3）常用量具及其使用与维护	4
		（4）常用测量仪器认知	2
	3-7　普通车床、钳工基本操作知识	（1）划线操作知识	2
		（2）钳工錾削、锯削、锉削操作知识	4
		（3）钳工孔加工知识	2
		（4）普通车床基础知识与基本操作	6
4．安全文明生产与环境保护知识	4-1　安全操作与劳动保护知识	（1）安全生产操作与劳动保护知识	2
	4-2　文明生产知识	（1）文明生产知识	1
	4-3　环境保护知识	（1）机械加工与环境保护知识	1
5．质量管理知识	5-1　企业的质量方针	（1）企业的质量方针	1
	5-2　岗位质量要求	（1）质量管理的工作内容	1
	5-3　岗位质量保证措施与责任	（1）生产过程中的质量管理	1
6．相关法律、法规知识	6-1　相关法律、法规知识	（1）相关法律法规知识	2
课堂学时合计			100

注：本表所列为中级职业基本素质培训课程，其他等级职业基本素质培训课程按“数控车工职业培训课程学时分配一览表”中相应的课堂学时要求进行必要的调整。

（2）数控车工中级职业技能培训课程

模块	课程	学习单元	课堂学时
1. 加工准备	1–1　读图与绘图	（1）复杂零件的表达方法	2
		（2）零件图识读	2
		（3）简单零件图的画法	4
		（4）装配图的识读内容	2
		（5）进给机构、主轴系统的装配图识读	2
	1–2　制定加工工艺	（1）数控加工工艺基础	2
		（2）典型零件的加工工艺文件识读	2
		（3）编制简单轴零件的数控车床加工工艺文件	4
		（4）编制简单盘零件的数控车床加工工艺文件	4
	1–3　零件定位与装夹	（1）定位与夹紧的原理和方法	6
		（2）四爪单动卡盘的使用	4
		（3）三爪自定心卡盘的使用	4
		（4）两顶尖定位与夹紧	2
		（5）一夹一顶装夹	2
	1–4　刀具准备	（1）数控车床常用刀具的种类、结构和特点	1
		（2）数控车床常用刀具选择、安装与调整	4
		（3）外圆车刀刃磨	4
		（4）切槽车刀刃磨	6
2. 数控编程	2–1　手工编程	（1）数控机床编程知识	2
		（2）数控车床编程基础	2
		（3）插补原理	1
		（4）直线、圆弧组成的二维轮廓手工编程	3
		（5）螺纹参数的计算	2
		（6）简单圆柱螺纹零件加工程序编写	2
		（7）简单圆锥螺纹零件加工程序编写	2
		（8）运用固定循环编程	4
		（9）运用子程序编程	4

续表

模块	课程	学习单元	课堂学时
2．数控编程	2-2　计算机辅助编程	（1）计算机二维绘图（CAXA 数控车）	12
		（2）计算机辅助节点计算	8
	2-3　数控加工仿真	（1）数控加工过程仿真	6
		（2）数控加工代码检查	2
		（3）数控加工干涉检查	2
3．数控车床操作	3-1　操作面板	（1）数控车床开、关机基本操作	1
		（2）数控车床面板基本操作	1
	3-2　程序输入与编辑	（1）用 PCMCIA 卡输入程序	1
		（2）用 DNC 输入加工程序	1
		（3）用操作面板编辑加工程序	2
	3-3　对刀	（1）对刀和工件坐标系的确定	4
		（2）刀具补偿值的设置	4
	3-4　程序调试与运行	（1）程序调试与运行	6
4．零件加工	4-1　零件精度检验	（1）通用量具的使用	6
		（2）尺寸精度的检测	2
		（3）车削中常见形状精度的检验	2
		（4）车削中常见位置精度的检验	2
		（5）零件的交检	1
	4-2　轮廓加工	（1）简单轴类零件加工	16
		（2）套类零件加工	16
		（3）盘类零件加工	16
		（4）支架类零件加工	16
		（5）综合类零件加工	16

续表

模块	课程	学习单元	课堂学时
4．零件加工	4-3　螺纹加工	（1）单线等节距普通螺纹车刀选择	4
		（2）单线等节距普通三角形外螺纹加工	10
		（3）单线等节距普通三角形内螺纹加工	10
	4-4　槽类加工	（1）外径槽加工	8
		（2）内径槽加工	8
		（3）端面槽加工	8
	4-5　孔加工	（1）孔加工工艺	4
		（2）钻孔、扩孔、铰孔	16
		（3）孔尺寸的控制	4
5．数控车床维护和故障诊断	5-1　数控车床日常维护	（1）数控车床操作规程	1
		（2）数控车床日常保养	1
	5-2　数控车床故障诊断	（1）数控系统报警信息及其处理	1
		（2）数控车床常见故障诊断与排除	2
	5-3　数控车床精度检查	（1）数控车床水平检查	1
课堂学时合计			300

（3）数控车工高级职业技能培训课程

模块	课程	学习单元	课堂学时
1．加工准备	1-1　读图与绘图	（1）平口钳装配图识读	2
		（2）普通四方刀架装配图识读	2
		（3）平口钳装配图拆画零件图	8
		（4）机床主轴测绘	4

续表

模块	课程	学习单元	课堂学时
1．加工准备	1–2　制定加工工艺	（1）工艺尺寸链的计算	4
		（2）复杂轴类零件的加工工艺文件编制	4
		（3）配合零件的加工工艺文件编制	4
	1–3　零件定位与装夹	（1）数控车床组合夹具的选用	2
		（2）数控车床专用夹具的调整与使用	4
		（3）车床夹具的定位误差分析与计算	6
		（4）装夹辅具的设计	8
		（5）装夹辅具的自制	8
	1–4　刀具准备	（1）车削刀具附件选择	2
		（2）难加工材料的刀具选择	6
		（3）刃磨特殊车削刀具	6
2．数控编程	2–1　手工编程	（1）变量编程基础知识	4
		（2）含二次曲线的零件变量编程	6
	2–2　计算机辅助编程	（1）平口钳装配图绘制	8
		（2）简单自动编程	8
	2–3　数控加工仿真	（1）多轴加工过程仿真	4
		（2）数控加工工时估算	2
3．零件加工	3–1　轮廓加工	（1）细长轴零件车削加工	12
		（2）薄壁零件车削加工	12
	3–2　螺纹加工	（1）等节距 T 形螺纹车削加工	12
		（2）等节距锥螺纹加工	12
		（3）变节距螺纹车削加工	12

续表

模块	课程	学习单元	课堂学时
3．零件加工	3–3　孔加工	（1）深孔类零件车削加工	14
	3–4　配合件加工	（1）轴套配合件车削加工	16
		（2）锥度配合件车削加工	16
		（3）曲面配合件车削加工	16
	3–5　零件精度检验	（1）使用百分表、千分表进行在线测量及参数调整	4
		（2）多线螺纹精度检验	4
		（3）加工误差分析	4
4．数控车床维护与精度检验	4–1　数控车床日常维护	（1）制定数控车床的日常维护规程	2
		（2）监督检查数控车床的日常维护状况	2
	4–2　数控车床故障诊断	（1）数控车床机械系统一般故障诊断	1
		（2）数控车床液压系统一般故障诊断	1
		（3）数控车床气压系统一般故障诊断	1
		（4）数控车床冷却系统一般故障诊断	1
		（5）数控车床控制系统一般故障诊断	2
		（6）数控车床电气系统一般故障诊断	2
		（7）数控车床刀架的一般故障诊断	4
	4–3　机床精度检验	（1）机床几何精度检验	4
		（2）数控车床切削精度检验	4
课堂学时合计			260

（4）数控车工技师职业技能培训课程

模块	课程	学习单元	课堂学时
1．加工准备	1-1　读图与绘图	（1）通用夹具装配图绘制	4
		（2）专用夹具装配图绘制	4
		（3）常用数控车床机械结构图识读	4
		（4）数控车床典型机构装配图识读	6
	1-2　制定加工工艺	（1）高难度、高精密零件数控加工工艺文件编制	8
		（2）特殊材料零件数控加工工艺文件编制	8
		（3）轴套类零件加工工艺改进建议书编制	8
		（4）数控加工新知识	2
		（5）数控加工新技术	2
		（6）数控加工新工艺	2
		（7）新材料应用	2
	1-3　零件定位与装夹	（1）轴套类零件专用夹具设计与制作	4
		（2）盘类零件专用夹具设计与制作	4
	1-4　刀具准备	（1）金属去除率计算	2
		（2）刀具寿命估算	2
		（3）机床刀具寿命管理功能应用	4
		（4）新刀具应用	2
2．数控编程	2-1　手工编程	（1）编制分度孔加工程序	6
		（2）编制端面方形铣削程序	6
		（3）编制外圆柱面凸轮槽车铣加工程序	8

续表

模块	课程	学习单元	课堂学时
2．数控编程	2–2　计算机辅助编程	（1）车削零件造型	6
		（2）车削加工轨迹生成	6
		（3）后置参数设置	4
		（4）程序生成及校验	4
	2–3　数控加工仿真	（1）加工过程仿真及优化	6
3．零件加工	3–1　轮廓加工	（1）多拐曲轴加工	12
		（2）车销加工中心操作	8
		（3）车铣复合加工试切调试	10
	3–2　配合件加工	（1）配合精度控制方法	6
		（2）多尺寸链配合件加工与精度控制	10
	3–3　零件精度检验	（1）加工误差分析	8
4．数控车床维护与精度检验	4–1　数控车床维护	（1）数控车床机械与液压系统一般故障排除	2
		（2）数控车床气压和冷却系统一般故障排除	2
		（3）数控车床控制和电气系统一般故障排除	2
		（4）数控车床刀架一般故障排除	2
	4–2　精度检验	（1）机床定位精度、重复定位精度检验	6
		（2）机床动态精度验收	4
5．培训与管理	5–1　操作指导	（1）操作技能指导	4
	5–2　理论培训	（1）理论培训	2
	5–3　质量管理	（1）贯彻质量标准	2
	5–4　生产管理	（1）班组管理	2
	5–5　技术改造与创新	（1）技术革新	4
课堂学时合计			200

（5）数控车工高级技师职业技能培训课程

模块	课程	学习单元	课堂学时
1．工艺分析与设计	1-1　读图与绘图	（1）自动化复杂工装装配图识读与分析	10
		（2）复杂工装装配图绘制	10
		（3）数控车床电气原理图识读	6
		（4）数控车床液压原理图识读	6
	1-2　制定加工工艺	（1）典型工艺问题的优化方法	6
		（2）难加工零件的数控车床加工工艺优化	10
		（3）高精密零件的数控加工精度保证	10
		（4）车削中心数控加工工艺文件编制	10
		（5）车铣中心数控加工工艺文件编制	10
	1-3　零件定位与装夹	（1）数控车床专用夹具优化	10
	1-4　刀具准备	（1）刀具设计与制造方法	10
2．零件加工	2-1　异形零件加工	（1）异形零件加工方法	20
		（2）CAM 辅助编程与夹具优化	16
	2-2　零件精度检验	（1）高难度零件在线精度检测方法选择与设计	16
3．数控车床维护与精度检验	3-1　数控车床维修	（1）数控车床原厂外文技术资料查阅与整理	4
		（2）数控车床系统参数调整与数据维护	4
	3-2　数控车床故障诊断和排除	（1）根据电路图分析机床故障并提出维修方案	2
		（2）可编程逻辑控制器使用方法	4
		（3）利用 PLC 梯形图分析机床故障并提出维修方案	4
	3-3　机床精度检验	（1）误差统计和计算方法	2
		（2）利用激光干涉仪进行数控车床精度检验与调整	4
	3-4　数控设备网络化	（1）数控设备、软件的联网运行	2

续表

模块	课程	学习单元	课堂学时
4．培训与管理	4-1　操作指导	（1）实训指导文件的编写	2
	4-2　理论培训	（1）理论课程教学文件的编制	4
	4-3　质量管理	（1）加工过程质量分析与控制	4
		（2）质量保障制度的制定与实施	4
	4-4　技术改造与创新	（1）创新意识培养	2
		（2）撰写科技论文	8
课堂学时合计			200

1.1.3　培训课程选择指导

职业基本素质培训课程为必修课程，相当于本职业的入门课程。各级别职业技能培训课程由培训机构教师根据培训学员实际情况，遵循高级别涵盖低级别的原则进行选择。

原则上，初入职的培训学员应学习职业基本素质培训课程和中级职业技能培训课程的全部内容，有职业技能等级提升需求的培训学员，可按照国家职业标准的“鉴定要求”，对照自身需求选择更高等级的培训课程。

具有一定从业经验、无职业技能等级晋升要求的培训学员，可根据自身实际自主选择本职业培训课程。具体方法为：（1）选择课程模块；（2）在模块中筛选课程；（3）在课程中筛选学习单元；（4）组合成本次培训的整个课程。

培训教师可以根据以上方法对培训学员进行单独指导。对于订单培训，培训教师可以按照如上方法，对照订单要求进行培训课程的选择。

1.1.4　各类资源使用说明

（待各类资源开发完成后补充。）

1.2 职业指南

1.2.1 职业描述

数控车工是在企业生产一线，从事数控车床操作、设备保养与维护、数控编程、质量检测、工艺编制等工作任务，具有良好的责任心和质量意识，具有职业生涯发展基础的技能人才。

1.2.2 职业培训对象

参加数控车工职业培训的对象主要包括：城乡未继续升学的应届初高中毕业生、农村转移就业劳动者、城镇登记失业人员、转岗转业人员、退役军人、企业在职职工和高校毕业生等各类有培训需求的人员。

1.2.3 就业前景

数控车工的工作岗位有：数控车床操作工、数控编程员、数控检查员、数控销售人员、售后服务人员等，还可发展为机械工艺员、生产管理员、机械设计师等。

1.3 培训机构设置指南

1.3.1 师资配备要求

（1）培训教师任职基本条件

1）培训中级、高级数控车工的教师应具有本职业技师及以上职业资格证书或相关专业中级及以上专业技术职务任职资格。

2）培训数控车工技师的教师应具有本职业高级技师职业资格证书或相关专业高级专业技术职务任职资格。

3）培训数控车工高级技师的教师应具有本职业高级技师职业资格证书 2 年以上或相关专业高级专业技术职务任职资格。

（2）培训教师数量要求（以 30 人培训班为基准）

1）理论课教师：1 人以上；培训规模超过 30 人的，按教师与学员数量之比不低于 1∶30 配备教师。

2）实习指导教师：1 人以上；培训规模超过 30 人的，按教师与学员数量之比不低于 1∶30 配备教师。

1.3.2 培训场所设备配置要求

培训场所设备配置要求如下（以 30 人培训班为基准）

（1）理论知识培训场所设备配置要求：70 ~ 80 平方米标准教室，多媒体教学设备（计算机、投影机、幕布或显示屏、网络接入设备、音响设备）、黑板、30 套以上桌椅，符合照明、通风、安全等相关规定。

（2）操作技能培训场所设备配置要求：数控车工中级技能实训场所的实训设备数量和工具配件须同时满足 30 人 / 班进行实训教学；高级技能和技师（高级技师）技能实训场所的实训设备数量和工具配件须同时满足 24 人 / 班进行实训教学。

数控车工操作技能实训场所使用面积应根据师生的健康安全要求和教学内容确定。以模拟仿真设备为主的，人均使用面积不低于 7 平方米；以真实生产设备为主的，人均使用面积不低于 9 平方米，各职业技能等级培训实训设备配备见下表。

数控车工中级操作技能实训室实训设备配置建议

实训功能	序号	设备名称	代号	型号规格（要求）	单位	数量			执行标准	备注
						基本配置	规范配置	示范配置		
以数控车床加工典型工作任务为载体，通过加工外圆、端面、沟槽、孔、锥面和普通螺纹等基本特征零件，进一步	1	多媒体教学设备	5		套	1	1	1		
	2	电脑及互联网设备	5		套	3	5	8		咨询用
	3	讨论桌	4		张	6	6	6		
	4	数控车床	3	推荐 CK6136	台	8	10	12		含 DNC 传输线
	5	数控车床附件	1		套	8	10	12		
	6	砂轮机	3		台	1	2	3		
	7	磁力表座及百分表	2	精度 0.01 mm	套	8	10	12		
	8	游标卡尺	2	推荐 0 ~ 150 mm/精度 0.02 mm	把	8	10	12		

续表

实训功能	序号	设备名称	代号	型号规格（要求）	单位	数量			执行标准	备注
						基本配置	规范配置	示范配置		
学习金属材料、机械制图、公差配合、加工工艺等专业基础知识，规范操作设备，正确使用量具	9	外径千分尺	2	推荐 0 ～ 100 mm/精度 0.01 mm	套	8	10	12		
	10	公法线千分尺	2	推荐 0 ～ 100 mm/精度 0.01 mm	套	8	10	12		
	11	内径百分表	2	推荐 $\phi18$ ～ $\phi35$ mm $\phi35$ ～ $\phi50$ mm	把	8	10	12		
	12	深度尺	2	推荐 0 ～ 300 mm/精度 0.02 mm	把	4	5	6		
	13	万能角度尺	2	推荐 0 ～ 320° 精度 2′	把	4	5	6		
	14	半径规	2	$R1$ ～ $R6.5$，$R7$ ～ $R14.5$，$R15$ ～ $R25$	把	8	10	12		
	15	螺纹样板	2	0.5 ～ 7 mm	把	8	10	12		
	16	螺纹环规	2		套	4	5	6		视情选择
	17	螺纹塞规	2		套	4	5	6		视情选择
	18	表面粗糙度样板	2		盒	4	5	6		
	19	塞尺	2		把	8	10	12		

数控车工高级操作技能实训室实训设备配置建议

实训功能	序号	设备名称	代号	型号规格（要求）	单位	数量			执行标准	备注
						基本配置	规范配置	示范配置		
	1	多媒体教学设备	5		套	1	1	1		
	2	电脑及互联网设备	5		套	3	5	8		咨询用
	3	讨论桌	4		张	6	6	6		
	4	数控车床	3	推荐 CK6136	台	8	10	12		含 DNC 传输线
	5	数控车床附件	1		套	8	10	12		含四爪卡盘

续表

实训功能	序号	设备名称	代号	型号规格（要求）	单位	数量			执行标准	备注
						基本配置	规范配置	示范配置		
以数控车床加工典型工作任务为载体，完成细长类、薄壁类零件、单线和多线T形螺纹、单线和多线锥螺纹、变节距螺纹、深孔加工，按装配图要求对套件进行加工和组装，用百分表、千分表等进行在线测量，并进行加工技术参数的调整、加工误差分析	6	砂轮机	3		台	2	4	6		
	7	磁力表座及百分表	2	精度 0.01 mm	套	8	10	12		
	8	游标卡尺	2	推荐 0 ~ 150 mm/ 精度 0.02 mm	把	8	10	12		
	9	外径千分尺	2	推荐 0 ~ 100 mm/ 精度 0.01 mm	套	8	10	12		
	10	内径百分表	2	推荐 ϕ18 ~ ϕ35 mm ϕ35 ~ ϕ50 mm	把	4	5	6		
	11	深度尺	2	推荐 0 ~ 300 mm/ 精度 0.02 mm	把	4	5	6		
	12	万能角度尺	2	推荐 0 ~ 320° 精度 2′	把	4	5	6		
	13	半径规	2	$R1$ ~ $R6.5$，$R7$ ~ $R14.5$，$R15$ ~ $R25$	把	4	5	6		
	14	螺纹样板	2	0.5 ~ 7 mm	把	4	5	6		
	15	内径百分表	2	推荐 ϕ18 ~ ϕ35 mm ϕ35 ~ ϕ50 mm	把	4	5	6		
	16	螺纹环规	2		套	2	2	6		视情选择
	17	螺纹塞规	2		套	2	4	6		视情选择
	18	表面粗糙度样板	2		盒	4	5	6		
	19	塞尺	2		把	4	5	6		
	20	组合夹具	1		套	1	2	3		视情选择
	21	专用夹具	1		套	1	2	3		视情选择
	22	公法线千分尺	2	ϕ0 ~ ϕ25 mm ϕ25 ~ ϕ50 mm	把	4	5	6		
	23	三针	2		把	8	10	12		
	24	螺纹样板	2	0.5 ~ 7 mm	把	8	10	12		
	25	齿厚游标卡尺	2	M1 ~ M26 推荐精度 0.02 mm	把	4	5	6		

数控车工技师、高级技师操作技能实训室实训设备配置建议

实训功能	序号	设备名称	代号	型号规格（要求）	单位	数量			执行标准	备注
						基本配置	规范配置	示范配置		
以数控车床加工典型工作任务为载体，设计制作专用夹具，编制车削中心、车铣中心的三轴及三轴以上（含旋转轴）的加工程序，完成高难度、高精密、特殊材料、多工种零件的数控加工，用百分表、千分表等进行在线测量，并进行加工技术参数的调整、加工误差分析及优化、提出改进措施	1	多媒体教学设备	5		套	1	1	1		
	2	电脑及互联网设备	5		套	3	5	8		咨询用
	3	讨论桌	4		张	6	6	6		
	4	数控车床	3	推荐 CK6136	台	8	10	12		含 DNC 传输线
	5	数控车床附件	1		套	8	10	12		含四爪卡盘
	6	全功能车削中心	3		台	1	2	3		
	7	砂轮机	3		台	2	4	6		
	8	磁力表座及百分表	2	精度 0.01 mm	套	8	10	12		
	9	游标卡尺	2	推荐 0 ～ 150 mm/精度 0.02 mm	把	8	10	12		
	10	外径千分尺	2	推荐 0 ～ 100 mm/精度 0.01 mm	套	8	10	12		
	11	内径百分表	2	推荐 ϕ18 ～ ϕ35 mm ϕ35 ～ ϕ50 mm	把	4	5	6		
	12	深度尺	2	推荐 0 ～ 300 mm/精度 0.02 mm	把	4	5	6		
	13	万能角度尺	2	推荐 0 ～ 320° 精度 2′	把	4	5	6		
	14	半径规	2	$R1$ ～ $R6.5$，$R7$ ～ $R14.5$，$R15$ ～ $R25$	把	4	5	6		
	15	螺纹样板	2	0.5 ～ 7 mm	把	4	5	6		
	16	内径百分表	2	推荐 ϕ18 ～ ϕ35 mm ϕ35 ～ ϕ50 mm	把	4	5	6		
	17	螺纹环规	2		套	2	2	6		视情选择
	18	螺纹塞规	2		套	2	4	6		视情选择
	19	表面粗糙度样板	2		盒	4	5	6		
	20	塞尺	2		把	4	5	6		

续表

实训功能	序号	设备名称	代号	型号规格（要求）	单位	数量			执行标准	备注
						基本配置	规范配置	示范配置		
	21	组合夹具	1		套	1	2	3		视情选择
	22	专用夹具	1		套	1	2	3		视情选择
	23	公法线千分尺	2	ϕ0 ~ ϕ25 mm ϕ25 ~ ϕ50 mm	把	4	5	6		
	24	三针	2		把	8	10	12		
	25	螺纹样板	2	0.5 ~ 7 mm	把	8	10	12		
	26	齿厚游标卡尺	2	M1 ~ M26 推荐精度 0.02 mm	把	4	5	6		

1.3.3 教学资料配备要求

（1）培训规范：《数控车工国家职业标准》《数控车工职业基本素质培训要求》《数控车工职业技能培训要求》《数控车工职业基本素质培训课程规范》《数控车工职业技能培训课程规范》《数控车工职业基本素质培训考核规范》《数控车工职业技能培训理论知识考核规范》《数控车工职业技能培训操作技能考核规范》。

（2）教学资源：教材教辅、网络资源等内容必须符合“（1）培训规范”。

1.3.4 管理人员配备要求

（1）专职校长：1 人，应具有大专及以上文化程度、中级及以上专业技术职务任职资格，从事职业技术教育及教学管理 5 年以上，熟悉职业培训的有关法律法规。

（2）教学管理人员：1 人以上，专职不少于 1 人；应具有大专及以上文化程度、中级及以上专业技术职务任职资格，从事职业技术教育及教学管理 5 年以上，具有丰富的教学管理经验。

（3）办公室人员：1 人以上，应具有大专及以上文化程度。

（4）财务管理人员：2 人，应具有大专及以上文化程度、财会人员从业资格证书。

1.3.5 管理制度要求

应建立健全完备的管理制度，包括办学章程与发展规划、教学管理、教师管理、学员管理、财务管理、设备管理等制度。

2 课程包

2.1 培训要求

2.1.1 职业基本素质培训要求

职业基本素质模块	培训内容	培训细目
1．职业道德	1–1 职业认知	（1）数控车工简介 （2）数控车工的工作内容
	1–2 职业道德基本知识	（1）道德的内涵 （2）职业道德的特征 （3）职业道德与发展的关系 （4）数控车工职业道德规范
	1–3 职业守则	（1）职业守则
2．基础理论知识	2–1 机械制图	（1）识图与制图基础知识 （2）公差与配合 （3）尺寸标注 （4）尺寸链
	2–2 工程材料及金属热处理知识	（1）金属材料的性能 （2）钢铁材料及其性能 （3）钢铁材料的热处理 （4）常用有色金属及其性能 （5）常用非金属工程材料
	2–3 机电控制知识	（1）机床常用电气元件的结构和原理 （2）电动机的基本知识 （3）数控机床常用检测元件 （4）液压传动基本知识 （5）气压传动基本知识
	2–4 计算机基础知识	（1）数制和数制之间的转换 （2）编码 （3）二进制数的运算 （4）微型计算机系统
	2–5 专业英语基础	（1）数控加工专业英语
3．机械加工基础知识	3–1 机械原理	（1）机械传动基础知识 （2）简单机械零件

续表

职业基本素质模块	培训内容	培训细目
3．机械加工基础知识	3-2　常用设备知识（分类、用途、基本结构及维护保养方法）	(1) 机床的类型及基本构造 (2) 金属切削机床定期维护保养规范
	3-3　常用金属切削刀具知识	(1) 刀具材料 (2) 刀具的几何角度对切削性能的影响 (3) 常用刀具
	3-4　典型零件加工工艺	(1) 轴类零件的工艺过程 (2) 盘类零件的工艺过程 (3) 套类零件的工艺过程
	3-5　设备润滑和冷却液的使用方法	(1) 设备润滑 (2) 设备冷却
	3-6　工具、夹具、量具的使用与维护知识	(1) 常用工具及其使用 (2) 常用夹具的使用与维护 (3) 常用量具的使用与维护 (4) 常用测量仪器简介
	3-7　普通车床、钳工基本操作知识	(1) 划线操作知识 (2) 钳工錾削、锯削、锉削操作知识 (3) 钳工孔加工知识 (4) 普通车床基本操作
4．安全文明生产与环境保护知识	4-1　安全操作与劳动保护知识	(1) 安全管理基础知识 (2) 作业现场的基本安全知识 (3) 电气安全知识 (4) 机械安全基础知识 (5) 防火防爆安全知识
	4-2　文明生产知识	(1) 文明生产管理制度 (2) 现场 5S 管理
	4-3　环境保护知识	(1) 机械加工与环境保护知识
5．质量管理知识	5-1　企业的质量方针	(1) 企业的质量方针
	5-2　岗位质量要求	(1) 质量管理的工作内容
	5-3　岗位质量保证措施与责任	(1) 生产过程中的质量管理
6．相关法律、法规知识	6-1　相关法律、法规知识	(1) 劳动法相关知识 (2) 环境保护法相关知识 (3) 知识产权法相关知识 (4) 安全生产相关法律法规知识

2.1.2 中级职业技能培训要求

职业功能模块	培训内容	技能目标	培训细目
1．加工准备	1-1 读图与绘图	1-1-1 能读懂中等复杂程度（如：曲轴）的零件图	（1）曲轴零件图识读 （2）法兰盘零件图识读
		1-1-2 能绘制简单的轴、盘类零件图	（1）简单轴盘类零件图绘制
		1-1-3 能读懂进给机构、主轴系统的装配图	（1）进给机构装配图识读 （2）主轴系统装配图识读
	1-2 制定加工工艺	1-2-1 能读懂复杂零件的数控车床加工工艺文件	（1）读复杂零件的数控车床加工工艺文件
		1-2-2 能编制简单（轴、盘）零件的数控车床加工工艺文件	（1）编制简单轴零件的数控车床加工工艺文件 （2）编制简单盘零件的数控车床加工工艺文件
	1-3 零件定位与装夹	1-3-1 能使用通用夹具（如：三爪自定心卡盘、四爪单动卡盘）进行零件装夹与定位	（1）零件定位与夹紧 （2）四爪单动卡盘的使用 （3）三爪自定心卡盘的使用 （4）两顶尖定位与夹紧 （5）一夹一顶装夹
	1-4 刀具准备	1-4-1 能根据数控车床加工工艺文件选择、安装和调整数控车床常用刀具	（1）数控车床常用刀具选择、安装与调整
		1-4-2 能刃磨常用车削刀具	（1）外圆车刀刃磨 （2）切槽车刀刃磨
2．数控编程	2-1 手工编程	2-1-1 能编制由直线、圆弧组成的二维轮廓数控加工程序	（1）直线、圆弧轴类零件手工编程
		2-1-2 能编制螺纹加工程序	（1）螺纹参数计算 （2）简单圆柱螺纹零件加工程序编写 （3）简单圆锥螺纹零件加工程序编写

续表

职业功能模块	培训内容	技能目标	培训细目
2．数控编程	2-1　手工编程	2-1-3　能运用固定循环、子程序进行零件的加工程序编制	（1）使用固定循环简化编程 （2）使用子程序简化编程
	2-2　计算机辅助编程	2-2-1　能使用计算机绘图设计软件绘制简单（轴、盘、套）零件图	（1）计算机二维绘图
		2-2-2　能利用计算机绘图软件计算节点	（1）计算机辅助节点计算
	2-3　数控加工仿真	2-3-1　能利用数控加工仿真软件实施加工过程仿真以及加工代码检查、干涉检查	（1）数控加工过程仿真 （2）数控加工代码检查 （3）数控加工干涉检查
3．数控车床操作	3-1　操作面板	3-1-1　能按照操作规程启动及停止机床	（1）数控车床开、关机基本操作
		3-1-2　能使用操作面板上的常用功能键（如回零、手动、MDI、修调等）	（1）手动操作 （2）手摇操作 （3）回参考点 （4）MDI 操作 （5）倍率修调
	3-2　程序输入与编辑	3-2-1　能通过各种途径（如 DNC、网络等）输入加工程序	（1）用 PCMCIA 卡输入程序 （2）用 DNC 输入加工程序
		3-2-2　能通过操作面板编辑加工程序	（1）在操作面板输入编辑程序
	3-3　对刀	3-3-1　能进行对刀并确定相关坐标系	（1）对刀 （2）工件坐标系的确定
		3-3-2　能设置刀具参数	（1）刀具补偿值的设置
	3-4　程序调试与运行	3-4-1　能够对程序进行校验、单步执行、空运行并完成零件试切	（1）程序调试与运行

续表

<table>
<tr><th>职业功能模块</th><th>培训内容</th><th>技能目标</th><th>培训细目</th></tr>
<tr><td rowspan="5">4．零件加工</td><td rowspan="2">4-1　零件精度检验</td><td>4-1-1　能进行零件的长度、内径、外径、螺纹、角度等精度检验</td><td>（1）通用量具的使用
（2）尺寸精度的检测
（3）车削中常见形状精度的检验
（4）车削中常见位置精度的检验</td></tr>
<tr><td>4-1-2　零件的交检</td><td>（1）零件交检制度</td></tr>
<tr><td rowspan="2">4-2　轮廓加工</td><td>4-2-1　能进行轴、套类零件加工，并达到以下要求：
（1）尺寸公差等级：IT6
（2）几何公差等级：IT8
（3）表面粗糙度：$Ra1.6\ \mu m$</td><td>（1）轴类零件加工
（2）套类零件加工</td></tr>
<tr><td>4-2-2　能进行盘类、支架类零件加工，并达到以下要求：
（1）轴径公差等级：IT6
（2）孔径公差等级：IT7
（3）几何公差等级：IT8
（4）表面粗糙度：$Ra1.6\ \mu m$</td><td>（1）盘类零件加工
（2）支架类零件加工
（3）内外轮廓较复杂零件加工</td></tr>
<tr><td>4-3　螺纹加工</td><td>4-3-1　能进行单线等节距的普通三角螺纹的加工，并达到以下要求：
（1）尺寸公差等级：IT6 ～ IT7
（2）几何公差等级：IT8
（3）表面粗糙度：$Ra1.6\ \mu m$</td><td>（1）单线等节距普通螺纹车刀的选择
（2）单线等节距普通三角形外螺纹加工
（3）单线等节距普通三角形内螺纹加工</td></tr>
</table>

续表

<table>
<tr><th>职业功能模块</th><th>培训内容</th><th>技能目标</th><th>培训细目</th></tr>
<tr><td rowspan="2">4．零件加工</td><td>4-4　槽类加工</td><td>4-4-1　能进行内径槽、外径槽和端面槽的加工，并达到以下要求：
（1）尺寸公差等级：IT8
（2）几何公差等级：IT8
（3）表面粗糙度：$Ra3.2\ \mu m$</td><td>（1）外径槽加工
（2）内径槽加工
（3）端面槽加工</td></tr>
<tr><td>4-5　孔加工</td><td>4-5-1　能进行孔加工，并达到以下要求：
（1）尺寸公差等级：IT7
（2）几何公差等级：IT8
（3）表面粗糙度：$Ra3.2\ \mu m$</td><td>（1）钻、扩、铰孔加工
（2）孔尺寸的控制</td></tr>
<tr><td rowspan="4">5．数控车床维护和故障诊断</td><td>5-1　数控车床日常维护</td><td>5-1-1　能根据说明书完成数控车床的定期及不定期维护保养，包括：机械、电、气、液压、冷却、数控系统检查和日常保养等</td><td>（1）数控车床机械系统日常维护
（2）数控车床电气系统日常维护
（3）数控车床气压系统日常维护
（4）数控车床液压系统日常维护
（5）数控车床冷却系统日常维护
（6）数控车床数控系统日常维护</td></tr>
<tr><td rowspan="2">5-2　数控车床故障诊断</td><td>5-2-1　能读懂数控系统的报警信息</td><td>（1）数控系统报警信息及其处理</td></tr>
<tr><td>5-2-2　能发现并排除由数控程序引起的数控车床的一般故障</td><td>（1）数控车床操作故障诊断与排除</td></tr>
<tr><td>5-3　数控车床精度检查</td><td>5-3-1　能进行数控车床水平的检查</td><td>（1）数控车床水平检查</td></tr>
</table>

2.1.3 高级职业技能培训要求

职业功能模块	培训内容	技能目标	培训细目
1．加工准备	1-1 读图与绘图	1-1-1 能读懂中等复杂程度（如：刀架）的装配图	（1）平口钳装配图识读 （2）普通四方刀架装配图识读
		1-1-2 能根据装配图拆画零件图	（1）平口钳装配图拆画零件图
		1-1-3 能测绘零件	（1）机床主轴测绘
	1-2 制定加工工艺	1-2-1 能进行工艺尺寸链计算	（1）工艺尺寸链计算
		1-2-2 能编制复杂零件的数控车床加工工艺文件	（1）复杂轴类零件的数控车床加工工艺文件编制 （2）配合零件的数控车床加工工艺文件编制
	1-3 零件定位与装夹	1-3-1 能选择和使用数控车床组合夹具和专用夹具	（1）数控车床组合夹具的选用 （2）数控车床专用夹具的调整与使用
		1-3-2 能分析并计算车床夹具的定位误差	（1）车床夹具的定位误差分析与计算
		1-3-3 能设计与自制装夹辅具（如：心轴、轴套、定位件等）	（1）装夹辅具的设计 （2）装夹辅具的自制
	1-4 刀具准备	1-4-1 能选择各种刀具附件	（1）车削刀具附件的选择
		1-4-2 能根据难加工材料的特点，选择刀具的材料、结构和几何参数	（1）难加工材料的刀具选择
		1-4-3 能刃磨特殊车削刀具	（1）成型刀的刃磨 （2）内孔加工刀具的刃磨 （3）端面槽加工刀具的刃磨 （4）螺纹加工刀具的刃磨

续表

职业功能模块	培训内容	技能目标	培训细目
2．数控编程	2-1　手工编程	2-1-1　能运用变量编程编制含有公式曲线的零件数控加工程序	（1）含有二次曲线的零件变量编程
	2-2　计算机辅助编程	2-2-1　能用计算机绘图软件绘制装配图	（1）用计算机软件绘制零件装配图 （2）用计算机软件绘制部件装配图
		2-2-2　能用计算机绘图软件辅助编程	（1）用计算机绘图软件辅助编程
	2-3　数控加工仿真	2-3-1　能利用数控加工仿真软件实施多轴加工过程仿真及工时估算	（1）用数控加工仿真软件进行多轴加工过程仿真 （2）用数控加工仿真软件进行加工工时估算
3．零件加工	3-1　轮廓加工	3-1-1　能进行细长、薄壁零件加工，并达到以下要求： （1）轴径公差等级：IT6 （2）孔径公差等级：IT7 （3）几何公差等级：IT8 （4）表面粗糙度：*Ra*1.6 μm	（1）细长轴零件车削加工 （2）薄壁零件车削加工
	3-2　螺纹加工	3-2-1　能进行单线和多线等节距的T形螺纹、锥螺纹加工，并达到以下要求： （1）尺寸公差等级：IT6 （2）几何公差等级：IT8 （3）表面粗糙度：*Ra*1. 6 μm	（1）等节距T形螺纹车削加工 （2）等节距锥螺纹车削加工

续表

职业功能模块	培训内容	技能目标	培训细目
3．零件加工	3-2 螺纹加工	3-2-2 能进行变节距螺纹的加工，并达到以下要求： （1）尺寸公差等级：IT6 （2）几何公差等级：IT7 （3）表面粗糙度：*Ra*1.6 μm	（1）变节距螺纹车削加工
	3-3 孔加工	3-3-1 能进行深孔加工，并达到以下要求： （1）尺寸公差等级：IT6 （2）几何公差等级：IT8 （3）表面粗糙度：*Ra*1.6 μm	（1）深孔类零件车削加工
	3-4 配合件加工	3-4-1 能按装配图上的技术要求对套件进行零件加工和组装，配合公差达到IT7级	（1）轴套配合件车削加工 （2）锥度配合件车削加工 （3）曲面配合件车削加工
	3-5 零件精度检验	3-5-1 能在加工过程中使用百分表、千分表等进行在线测量，并进行加工技术参数的调整	（1）使用百分表、千分表进行在线测量 （2）加工技术参数调整
		3-5-2 能够进行多线螺纹的检验	（1）多线螺纹精度检验
		3-5-3 能进行加工误差分析	（1）加工误差分析
4．数控车床维护与精度检验	4-1 数控车床日常维护	4-1-1 能制定数控车床的日常维护规程	（1）制定数控车床的日常维护规程
		4-1-2 能监督检查数控车床的日常维护状况	（1）监督检查数控车床的日常维护状况

续表

职业功能模块	培训内容	技能目标	培训细目
4. 数控车床维护与精度检验	4-2 数控车床故障诊断	4-2-1 能判断数控车床机械、液压、气压和冷却系统的一般故障	（1）数控车床机械系统一般故障判断 （2）数控车床液压系统一般故障判断 （3）数控车床气压系统一般故障判断 （4）数控车床冷却系统一般故障判断
		4-2-2 能判断数控车床控制与电气系统的一般故障	（1）数控车床控制系统一般故障判断 （2）数控车床电气系统一般故障判断
		4-2-3 能够判断数控车床刀架的一般故障	（1）数控车床刀架的一般故障判断
	4-3 机床精度检验	4-3-1 能利用量具、量规对机床主轴的垂直平行度、机床水平度等一般机床几何精度进行检验	（1）床身导轨的直线度和平行度检验 （2）溜板在水平面内移动的直线度检验 （3）尾座移动对溜板移动的平行度检验 （4）主轴跳动检验 （5）主轴定心轴颈的径向跳动检验 （6）主轴锥孔轴线的径向跳动检验 （7）主轴轴线（对溜板移动）的平行度检验 （8）主轴顶尖的跳动检验 （9）尾座套筒轴线（对溜板移动）的平行度检验 （10）尾座套筒锥孔轴线（对溜板移动的）平行度检验 （11）床头和尾座两顶尖的等高度检验 （12）刀架横向移动对主轴轴线的垂直度检验 （13）刀架转位的重复定位精度、刀架转位X轴方向回转重复定位精度检验
		4-3-2 能进行机床切削精度检验	（1）数控车床切削精度检验

2.1.4 技师职业技能培训要求

职业功能模块	培训内容	技能目标	培训细目
1. 加工准备	1-1 读图与绘图	1-1-1 能绘制工装装配图	（1）绘制通用夹具装配图 （2）绘制专用夹具装配图
		1-1-2 能读懂常用数控车床的机械结构图及装配图	（1）常用数控车床机械结构图识读 （2）数控车床典型机构装配图识读
	1-2 制定加工工艺	1-2-1 能编制高难度、高精密、特殊材料零件的数控加工多工种工艺文件	（1）高难度、高精密零件数控加工工艺文件编制 （2）精度为IT6级难切削材料零件的数控加工工艺文件编制
		1-2-2 能对零件的数控加工工艺进行合理性分析，并提出改进建议	（1）数控加工工艺合理性分析 （2）编制轴套类零件加工工艺改进建议书
		1-2-3 能推广应用新知识、新技术、新工艺、新材料	（1）数控加工新知识应用 （2）数控加工新技术应用 （3）数控加工新工艺应用 （4）新材料应用
	1-3 零件定位与装夹	1-3-1 能设计与制作零件的专用夹具	（1）设计制作轴套类零件专用夹具 （2）设计制作盘类零件专用夹具
	1-4 刀具准备	1-4-1 能依据切削条件和刀具条件估算刀具的使用寿命	（1）计算金属去除率 （2）估算刀具使用寿命
		1-4-2 能根据刀具寿命计算并设置相关参数	（1）刀具寿命管理参数应用
		1-4-3 能推广应用新刀具	（1）新刀具应用

续表

职业功能模块	培训内容	技能目标	培训细目
2．数控编程	2–1　手工编程	2–1–1　能够编制车削中心三轴加工程序	（1）编制分度孔加工程序 （2）编制端面方形铣削程序
		2–1–2　能够编制车铣中心三轴及三轴以上（含旋转轴）的加工程序	（1）编制外圆柱面凸轮槽车铣加工程序
	2–2　计算机辅助编程	2–2–1　能用计算机辅助设计/制造软件进行车削零件的造型和生成加工轨迹	（1）车削零件造型 （2）车削加工轨迹生成
		2–2–2　能够根据不同的数控系统进行后置处理并生成加工代码	（1）后置参数设置 （2）程序生成及校验
	2–3　数控加工仿真	2–3–1　能够利用数控加工仿真软件分析和优化数控加工工艺	（1）加工过程仿真及优化
3．零件加工	3–1　轮廓加工	3–1–1　能编制数控加工程序车削多拐曲轴达到以下要求： （1）直径公差等级：IT6 （2）表面粗糙度：$Ra1.6\ \mu m$	（1）多拐曲轴加工
		3–1–2　能编制数控加工程序对适合在车削中心加工的带有车削、铣削等工序的复杂零件进行加工	（1）车削加工中心操作 （2）车铣复合加工试切调试
	3–2　配合件加工	3–2–1　能进行两件（含两件）以上具有多处尺寸链配合的零件加工与配合	（1）多尺寸链锥度配合件加工 （2）多尺寸链曲面配合件加工 （3）多尺寸链轴向配合件加工 （4）多尺寸链螺纹配合件加工
	3–3　零件精度检验	3–3–1　能根据测量结果对加工误差进行分析并提出改进措施	（1）根据测量结果进行加工误差分析

续表

职业功能模块	培训内容	技能目标	培训细目
4．数控车床维护与精度检验	4-1 数控车床维护	4-1-1 能排除数控车床机械、液压、气压和冷却系统的一般故障	（1）数控车床机械系统一般故障排除 （2）数控车床液压系统一般故障排除 （3）数控车床气压系统一般故障排除 （4）数控车床冷却系统一般故障排除
		4-1-2 能排除数控车床控制与电气系统的一般故障	（1）数控车床控制系统一般故障排除 （2）数控车床电气系统一般故障排除
		4-1-3 能够排除数控车床刀架的一般故障	（1）数控车床刀架一般故障排除
	4-2 精度检验	4-2-1 能够进行机床定位精度、重复定位精度的检验	（1）机床定位精度检验 （2）机床重复定位精度检验
		4-2-2 能根据机床切削精度判断机床精度误差	（1）机床动态精度验收
5．培训与管理	5-1 操作指导	5-1-1 能指导本职业中级、高级工进行实际操作	（1）操作技能指导
	5-2 理论培训	5-2-1 能对本职业中级、高级工和技师进行理论培训	（1）理论培训
	5-3 质量管理	5-3-1 能在本职工作中认真贯彻各项质量标准	（1）贯彻质量标准
	5-4 生产管理	5-4-1 能协助部门领导进行生产计划、调度及人员的管理	（1）班组管理
	5-5 技术改造与创新	5-5-1 能够进行加工工艺、夹具、刀具的改进	（1）加工工艺、夹具、刀具技术革新

2.1.5 高级技师职业技能培训要求

职业功能模块	培训内容	技能目标	培训细目
1. 工艺分析与设计	1-1 读图与绘图	1-1-1 能绘制复杂工装装配图	（1）复杂工装装配图绘制与校核
		1-1-2 能读懂常用数控车床的电气、液压原理图	（1）数控车床电气系统原理图识读
			（2）数控车床液压系统原理图识读
	1-2 制定加工工艺	1-2-1 能对零件加工工艺提出改进建议	（1）零件加工工艺的优化
		1-2-2 能对高难度、高精密零件的数控加工工艺方案进行优化并实施	（1）高难度零件数控车床加工工艺的优化 （2）高精密零件的数控加工精度保证
		1-2-3 能编制多轴车削中心的数控加工工艺文件	（1）带动力刀位车削中心加工工艺文件的编制 （2）带刀具主轴车铣中心加工工艺文件的编制
	1-3 零件定位与装夹	1-3-1 能对现有的数控车床夹具进行误差分析并提出改进建议	（1）数控车床专用夹具优化
	1-4 刀具准备	1-4-1 能根据零件要求设计刀具，并提出制造方法	（1）根据零件要求设计刀具并提出制造方法
2. 零件加工	2-1 异形零件加工	2-1-1 能解决高难度（如十字座类、连杆类、叉架类等异形零件）零件车削加工的技术问题并制定工艺措施	（1）十字座类零件加工 （2）连杆类零件加工 （3）叉架类零件加工 （4）特种螺纹加工
	2-2 零件精度检验	2-2-1 能制定高难度零件加工过程中的精度检验方案	（1）高难度零件在线精度检验方法选择与设计

续表

职业功能模块	培训内容	技能目标	培训细目
3．数控车床维护与精度检验	3-1　数控车床维修	3-1-1　能借助字典看懂数控设备的主要外文技术资料	（1）外文技术资料查阅
		3-1-2　能针对机床运行现状合理调整数控系统相关参数	（1）数控机床授权参数的设置
	3-2　数控车床故障诊断和排除	3-2-1　能根据机床电路图或可编程逻辑控制器（PLC）梯形图检查出故障发生点，并提出机床维修方案	（1）根据电路图分析机床故障并提出维修方案 （2）利用 PLC 梯形图分析机床故障并提出维修方案
	3-3　机床精度检验	3-3-1　能利用激光干涉仪或其他设备对数控车床进行定位精度、重复定位精度检验与调整	（1）误差统计与计算 （2）利用激光干涉仪或其他设备进行数控车床精度检验
	3-4　数控设备网络化	3-4-1　能借助网络设备和软件系统实现数控设备的网络化管理	（1）数控设备、软件的联网运行
4．培训与管理	4-1　操作指导	4-1-1　能指导本职业中级、高级工和技师进行实际操作	（1）实训指导文件的编写
	4-2　理论培训	4-2-1　能对本职业中级、高级工和技师进行理论培训	（1）理论课程教学文件的编制
	4-3　质量管理	4-3-1　能应用全面质量管理知识，实现操作过程的质量分析与控制	（1）加工过程质量分析与控制 （2）质量保障制度的制定与实施
	4-4　技术改造与创新	4-4-1　能组织实施技术改造和创新，并撰写相应的论文	（1）创新意识培养 （2）科技论文撰写

2.2 课程规范

2.2.1 职业基本素质培训课程规范

<table>
<tr><th>模块</th><th>课程</th><th>学习单元</th><th>课程内容</th><th>培训建议</th><th>课堂学时</th></tr>
<tr><td rowspan="15">1. 职业道德</td><td rowspan="3">1-1 职业认知</td><td rowspan="3">（1）职业认知</td><td>1）数控车工的工作内容</td><td rowspan="3">（1）方法：讲授法、观摩法
（2）重点与难点：数控车工的工作内容</td><td rowspan="3">1</td></tr>
<tr><td>2）车削加工的发展</td></tr>
<tr><td>3）数控车工职业资格要求</td></tr>
<tr><td rowspan="6">1-2 职业道德基本知识</td><td rowspan="6">（1）道德与职业道德</td><td>1）道德的内涵</td><td rowspan="6">（1）方法：讲授法、案例教学法、观摩法
（2）重点：职业道德与发展的关系
（3）难点：对职业道德与发展关系的理解</td><td rowspan="6">2</td></tr>
<tr><td>2）职业道德</td></tr>
<tr><td>3）工匠精神的内涵</td></tr>
<tr><td>4）社会主义市场经济与职业道德的发展</td></tr>
<tr><td>5）职业道德与个人的发展</td></tr>
<tr><td>6）职业道德与企业的发展</td></tr>
<tr><td rowspan="6">1-3 职业守则</td><td rowspan="6">（1）数控车工职业守则</td><td>1）遵守国家法律、法规和有关规定</td><td rowspan="6">（1）方法：讲授法、案例教学法
（2）重点与难点：数控车工的职业守则</td><td rowspan="6">1</td></tr>
<tr><td>2）具有高度的责任心，爱岗敬业、团结合作</td></tr>
<tr><td>3）严格执行相关标准、工作程序与规范、工艺文件和安全操作规程</td></tr>
<tr><td>4）学习新知识新技能，勇于开拓和创新</td></tr>
<tr><td>5）爱护设备、系统及工具、夹具、量具</td></tr>
<tr><td>6）着装整洁，符合规定；保持工作环境清洁有序，文明生产</td></tr>
</table>

续表

<table>
<tr><th>模块</th><th>课程</th><th>学习单元</th><th>课程内容</th><th>培训建议</th><th>课堂学时</th></tr>
<tr><td rowspan="9">2．基础理论知识</td><td rowspan="7">2-1 机械制图</td><td rowspan="3">（1）识图与制图基础知识</td><td>1）零件图的基本组成</td><td rowspan="3">（1）方法：讲授法、讨论法、练习法
（2）重点：基本体的三视图</td><td rowspan="3">4</td></tr>
<tr><td>2）投影与视图
①正投影法原理
②基本体的三视图
③简组合体的三视图</td></tr>
<tr><td>3）制图知识
①测绘工具的使用
②绘图的步骤与方法</td></tr>
<tr><td rowspan="4">（2）标注与尺寸链</td><td>1）公差与配合的基本知识
①公差与配合的基本术语与定义
②公差与配合的分类
③公差与配合的标注</td><td rowspan="4">（1）方法：讲授法、讨论法、练习法
（2）重点：常见各类尺寸的标注方法
（3）难点：公差与配合的基本知识</td><td rowspan="4">6</td></tr>
<tr><td>2）常见各类尺寸的标注方法
①零件图的尺寸标注
②尺寸链的基本概念</td></tr>
<tr><td>3）形状和位置公差标注</td></tr>
<tr><td>4）表面粗糙度标注</td></tr>
<tr><td rowspan="2">2-2 工程材料及金属热处理知识</td><td rowspan="2">（1）金属材料的性能</td><td>1）力学性能</td><td rowspan="2">（1）方法：讲授法、观摩法
（2）重点与难点：力学性能</td><td rowspan="2">2</td></tr>
<tr><td>2）工艺性能</td></tr>
</table>

续表

<table>
<tr><th>模块</th><th>课程</th><th>学习单元</th><th>课程内容</th><th>培训建议</th><th>课堂学时</th></tr>
<tr><td rowspan="9">2. 基础理论知识</td><td rowspan="7">2-2 工程材料及金属热处理知识</td><td rowspan="2">（2）常用钢材的性能和热处理方法</td><td>1）常用钢材的性能
①钢的分类
②钢的牌号
③常用钢材的性能</td><td rowspan="2">（1）方法：讲授法、讨论法、练习法、观摩法
（2）重点与难点：钢的牌号及热处理方法</td><td rowspan="2">4</td></tr>
<tr><td>2）钢材的热处理
①退火
②正火
③淬火
④回火
⑤表面热处理</td></tr>
<tr><td rowspan="3">（3）常用有色金属的性能和热处理方法</td><td>1）铝及铝合金</td><td rowspan="3">（1）方法：讲授法、练习法
（2）重点：铝及铝合金、铜及铜合金
（3）难点：铝及铝合金牌号、铜及铜合金牌号</td><td rowspan="3">2</td></tr>
<tr><td>2）铜及铜合金</td></tr>
<tr><td>3）钛及钛合金</td></tr>
<tr><td rowspan="2">（4）常用非金属工程材料</td><td>1）工程塑料</td><td rowspan="2">（1）方法：讲授法、讨论法、练习法
（2）重点：工程塑料</td><td rowspan="2">1</td></tr>
<tr><td>2）橡胶</td></tr>
<tr><td rowspan="2">2-3 机电控制知识</td><td rowspan="2">（1）机床电气控制基础知识</td><td>1）机床常用电气元件的结构和原理
①工厂电器基本知识
②常用低压电器

2）电动机的基本知识
①电动机的分类及应用范围
②直流电动机
③步进电动机
④伺服电动机</td><td rowspan="2">（1）方法：讲授法、讨论法、练习法、观摩法
（2）重点：常用低压电器、电动机基本知识
（3）难点：电动机基本知识</td><td rowspan="2">2</td></tr>
<tr><td>3）数控机床常用检测元件
①光栅
②脉冲编码器
③行程开关</td></tr>
</table>

续表

模块	课程	学习单元	课程内容	培训建议	课堂学时
2. 基础理论知识	2-3 机电控制知识	(2) 液压传动基本原理与典型元器件	1) 液压传动的基本原理 ①液压传动的工作原理 ②液压传动的优缺点 ③液压油的物理性质及选用	(1) 方法：讲授法、讨论法、练习法、观摩法 (2) 重点：液压元器件	1
			2) 典型液压元器件 ①液压泵 ②液压缸 ③方向控制阀 ④压力控制阀 ⑤流量控制阀 ⑥辅助元件		
		(3) 典型液压回路	1) 液压传动基本回路	(1) 方法：讲授法、讨论法、练习法、观摩法 (2) 重点：液压回路	1
			2) 数控车床液压系统		
		(4) 气压传动基本原理与典型元器件	1) 气压传动的基本原理 ①气压传动的工作原理 ②气压传动的优缺点	(1) 方法：讲授法、讨论法、练习法、观摩法 (2) 重点：气压元器件	1
			2) 典型气压元器件 ①气源装置 ②气压辅助元件 ③压力控制阀 ④方向控制阀		
		(5) 典型气压回路	1) 气压传动基本回路	(1) 方法：讲授法、讨论法、练习法 (2) 重点：气压回路	1
			2) 加工中心气动系统		

续表

模块	课程	学习单元	课程内容	培训建议	课堂学时
2．基础理论知识	2-4　计算机基础知识	（1）数制与编码	1）数制和数制之间的转换 ①数制 ②数制间的转换	（1）方法：讲授法、讨论法、练习法 （2）重点与难点：二进制数的运算	5
			2）二进制编码 ①字母与字符的编码 ②汉字的编码		
			3）二进制数的运算 ①二进制数的算术运算 ②二进制数的逻辑运算		
		（2）微型计算机系统	1）计算机的特点与基本结构	（1）方法：讲授法、讨论法、练习法、实物教学法 （2）重点与难点：微型计算机的组成和结构	2
			2）计算机的发展概况		
			3）微型计算机系统		
	2-5　专业英语基础	（1）数控加工专业英语词汇英汉对照	1）常用工具、机构专业词汇	（1）方法：讲授法、练习法 （2）重点：各类加工方法及设备专业词汇，数控操作专业词汇	4
			2）各类加工方法及设备专业词汇		
			3）数控操作专业词汇		
3．机械加工基础知识	3-1　机械原理	（1）机械传动基础知识	1）带传动	（1）方法：讲授法、案例教学法、练习法、观摩法 （2）重点：带传动、齿轮传动	6
			2）链传动		
			3）齿轮传动		
			4）螺旋传动		
		（2）简单机械零件	1）键、销及其连接	（1）方法：讲授法、案例教学法、练习法、观摩法 （2）重点：轴承	4
			2）轴与轴承		

续表

模块	课程	学习单元	课程内容	培训建议	课堂学时
3．机械加工基础知识	3-2 常用设备知识（分类、用途、基本结构及维护保养方法）	（1）机床的类型及基本构造	1）机床的分类及用途 2）机床的基本构造 3）数控车床的基本构造	（1）方法：讲授法、讨论法、案例教学法、参观法、观摩法 （2）重点：数控车床的基本构造	2
		（2）金属切削机床定期维护保养规范	1）一级保养内容及要求 2）二级保养内容及要求	（1）方法：讲授法、讨论法、案例教学法 （2）重点：机床保养内容及要求	2
	3-3 常用金属切削刀具知识	（1）刀具材料及应用	1）刀具材料应具备的性能 2）刀具材料的种类及应用	（1）方法：讲授法、案例教学法 （2）重点：刀具材料	1
		（2）刀具的几何角度对切削性能的影响	1）刀具的几何角度 ①切削运动及其形成的表面 ②车刀的组成 ③辅助平面 ④切削部分的几何角度 2）切削要素 3）刀具几何角度对切削性能的影响	（1）方法：讲授法、案例教学法、观摩法 （2）重点：刀具角度、切削要素 （3）难点：刀具角度及其对切削性能的影响	4
		（3）常用刀具	1）车刀 2）铣刀、钻头、铰刀、丝锥、板牙	（1）方法：讲授法、案例教学法、实物示教法、观摩法 （2）重点：车刀	1
		（4）切削基础知识	1）切削变形 2）切屑的类型 3）积屑瘤 4）刀具磨损的知识	（1）方法：讲授法、讨论法、观摩法 （2）重点与难点：刀具磨损知识	1

续表

模块	课程	学习单元	课程内容	培训建议	课堂学时
3．机械加工基础知识	3-4　典型零件加工工艺	（1）轴类零件的工艺过程	1）轴类零件分析 ①轴类零件的分类及技术要求 ②轴类零件的材料毛坯及热处理 ③轴类零件的安装方式	（1）方法：讲授法、讨论法、练习法、观摩法 （2）重点：轴类零件加工要求 （3）难点：轴类零件加工工艺过程	2
			2）轴类零件加工工艺过程		
		（2）盘类零件的工艺过程	1）盘类零件分析 ①盘类零件的分类及技术要求 ②盘类零件机械加工工艺过程及其特点 ③盘类零件的装夹方式	（1）方法：讲授法、讨论法、练习法 （2）重点：盘类零件加工要求 （3）难点：盘类零件加工工艺过程	2
			2）盘类零件加工工艺过程		
		（3）套类零件的工艺过程	1）套类零件分析 ①套类零件的分类及技术要求 ②套类零件机械加工工艺过程及其特点 ③套类零件的装夹方式	（1）方法：讲授法、讨论法、练习法 （2）重点：套类零件加工要求 （3）难点：套类零件加工工艺过程	2
			2）套类零件加工工艺过程		

续表

<table>
<tr><th>模块</th><th>课程</th><th>学习单元</th><th>课程内容</th><th>培训建议</th><th>课堂学时</th></tr>
<tr><td rowspan="23">3．机械加工基础知识</td><td rowspan="5">3–5　设备润滑和冷却液的使用方法</td><td rowspan="3">（1）润滑剂及其使用</td><td>1）润滑剂的作用</td><td rowspan="3">（1）方法：讲授法、讨论法、练习法
（2）重点：润滑剂的种类及作用</td><td rowspan="3">1</td></tr>
<tr><td>2）润滑剂的种类</td></tr>
<tr><td>3）润滑剂的名称、特点及用途</td></tr>
<tr><td rowspan="2">（2）切削液及其使用</td><td>1）切削液的作用与种类</td><td rowspan="2">（1）方法：讲授法、讨论法、练习法
（2）重点：切削液的作用与种类</td><td rowspan="2">1</td></tr>
<tr><td>2）切削液的名称、特点及用途</td></tr>
<tr><td rowspan="17">3–6　工具、夹具、量具的使用与维护知识</td><td rowspan="3">（1）常用工具及其使用</td><td>1）清洁工具及使用</td><td rowspan="3">（1）方法：讲授法、案例教学法
（2）重点：除屑工具的使用</td><td rowspan="3">1</td></tr>
<tr><td>2）保养工具及使用</td></tr>
<tr><td>3）除屑工具及使用</td></tr>
<tr><td rowspan="3">（2）常用夹具及其使用与维护</td><td>1）台虎钳</td><td rowspan="3">（1）方法：讲授法、案例教学法、实物示教法、观摩法
（2）重点：卡盘的使用与维护</td><td rowspan="3">1</td></tr>
<tr><td>2）卡盘</td></tr>
<tr><td>3）分度头</td></tr>
<tr><td rowspan="5">（3）常用量具及其使用与维护</td><td>1）游标量具</td><td rowspan="5">（1）方法：讲授法、演示法、练习法
（2）重点与难点：游标量具、千分尺的使用</td><td rowspan="5">4</td></tr>
<tr><td>2）千分尺</td></tr>
<tr><td>3）百分表</td></tr>
<tr><td>4）游标万能角度尺</td></tr>
<tr><td>5）塞规 & 卡规</td></tr>
<tr><td rowspan="6">（4）常用测量仪器认知</td><td>1）对刀器</td><td rowspan="6">（1）方法：讲授法、演示法、观摩法
（2）重点与难点：万能工具显微镜、三坐标测量仪基本知识</td><td rowspan="6">2</td></tr>
<tr><td>2）粗糙度仪</td></tr>
<tr><td>3）硬度计</td></tr>
<tr><td>4）万能工具显微镜</td></tr>
<tr><td>5）高度计</td></tr>
<tr><td>6）三坐标测量仪</td></tr>
</table>

续表

<table>
<tr><th>模块</th><th>课程</th><th>学习单元</th><th>课程内容</th><th>培训建议</th><th>课堂学时</th></tr>
<tr><td rowspan="14">3．机械加工基础知识</td><td rowspan="14">3–7 普通车床、钳工基本操作知识</td><td rowspan="3">（1）划线操作知识</td><td>1）划线工具及其使用</td><td rowspan="3">（1）方法：讲授法、演示法、练习法、观摩法、实物示教法
（2）重点：划线方法</td><td rowspan="3">2</td></tr>
<tr><td>2）划线方法</td></tr>
<tr><td>3）分度头划线</td></tr>
<tr><td rowspan="3">（2）钳工錾削、锯削、锉削操作知识</td><td>1）錾削</td><td rowspan="3">（1）方法：讲授法、演示法、练习法、实物示教法
（2）重点：锯削、锉削操作
（3）难点：锯削操作</td><td rowspan="3">4</td></tr>
<tr><td>2）锯削</td></tr>
<tr><td>3）锉削</td></tr>
<tr><td rowspan="4">（3）钳工孔加工知识</td><td>1）钻床</td><td rowspan="4">（1）方法：讲授法、演示法、练习法
（2）重点与难点：钻孔、攻螺纹</td><td rowspan="4">2</td></tr>
<tr><td>2）钻头及附件</td></tr>
<tr><td>3）钻孔、扩孔、铰孔</td></tr>
<tr><td>4）攻螺纹</td></tr>
<tr><td rowspan="4">（4）普通车床基础知识与基本操作</td><td>1）车削的基本概念</td><td rowspan="4">（1）方法：讲授法、演示法、练习法
（2）重点：切削运动方式和车床结构
（3）难点：车刀装夹时刀尖与轴线等高的调整</td><td rowspan="4">6</td></tr>
<tr><td>2）车床的构造</td></tr>
<tr><td>3）车床主轴速度的调整</td></tr>
<tr><td>4）工件、车刀、钻头的夹持</td></tr>
<tr><td>4．安全文明生产与环境保护知识</td><td>4–1 安全操作与劳动保护知识</td><td>（1）安全生产操作与劳动保护知识</td><td>1）安全管理基础知识
①安全生产基本概念和方针
②正确使用和佩戴劳动防护用品
③安全色、安全线和安全标志</td><td></td><td></td></tr>
</table>

续表

模块	课程	学习单元	课程内容	培训建议	课堂学时
4．安全文明生产与环境保护知识	4–1　安全操作与劳动保护知识	（1）安全生产操作与劳动保护知识	2）作业现场的基本安全知识 ①熟悉现场设备安全操作知识 ②杜绝人机事故发生	（1）方法：讲授法、案例教学法、讨论法 （2）重点：熟悉现场设备安全操作知识，杜绝人机事故发生，安全色、安全线和安全标志，预防触电事故的方法和措施，常用机械设备的危害因素与防护	2
			3）电气安全知识 ①电气事故的分类 ②触电事故的类型 ③常用的防直接触电的防护措施 ④员工必须遵守的安全用电基本要求 ⑤预防触电事故的方法和措施		
			4）机械安全基础知识 ①机械设备的危险因素 ②机械伤害的类型 ③常用机械设备的危险因素与防护		
			5）防火防爆安全知识 ①防火防爆守则 ②灭火基本方法 ③灭火器使用方法		
	4–2　文明生产知识	（1）文明生产知识	1）文明生产管理制度	（1）方法：讲授法、案例教学法 （2）重点：文明生产管理制度	1
			2）现场5S管理		
	4–3　环境保护知识	（1）机械加工与环境保护知识	1）环境保护定义 2）机械加工中的环境保护 3）案例分析	（1）方法：讲授法、案例教学法 （2）重点：机械加工中的环境保护	1

续表

模块	课程	学习单元	课程内容	培训建议	课堂学时
5．质量管理知识	5-1 企业的质量方针	（1）企业的质量方针	1）质量方针的概念	（1）方法：讲授法、案例教学法 （2）重点与难点：质量方针	1
			2）企业制定质量方针的意义		
			3）质量方针		
	5-2 岗位质量要求	（1）质量管理的工作内容	1）质量管理与质量控制 ①质量的概念 ②产品质量 ③工作质量 ④质量管理	（1）方法：讲授法、案例教学法 （2）重点：质量统计方法	1
			2）全面质量管理		
			3）班组质量工作的内容与要求		
	5-3 岗位质量保证措施与责任	（1）生产过程中的质量管理	1）建立现场质量保证体系	（1）方法：讲授法 （2）重点：保证现场质量的方法	1
			2）工人在现场质量管理工作中的具体工作内容		
			3）保证现场质量的方法		
6．相关法律、法规知识	6-1 相关法律、法规知识	（1）相关法律、法规知识	1）劳动法相关知识 ①劳动法定义 ②劳动者的权利和义务 ③劳动合同制度 ④劳动合同的订立、变更和解除 ⑤劳动安全卫生制度 ⑥社会保险制度 ⑦劳动争议处理		

续表

模块	课程	学习单元	课程内容	培训建议	课堂学时
6. 相关法律、法规知识	6–1 相关法律、法规知识	(1) 相关法律、法规知识	2) 环境保护法相关知识 ①防治污染和其他公害 ②信息公开和公众参与 ③保护和改善环境	(1) 方法：讲授法、案例教学法 (2) 重点：劳动者的权利和义务，防治污染和其他公害，从业人员的安全生产权利义务	2
			3) 知识产权法相关知识 ①著作权及其权利 ②法律责任		
			4) 安全生产法相关知识 ①生产经营单位的安全生产保障 ②从业人员的安全生产权利义务 ③法律责任		
课堂学时合计					100

2.2.2 中级职业技能培训课程规范

模块	课程	学习单元	课程内容	培训建议	课堂学时
1. 加工准备	1–1 读图与绘图	(1) 复杂零件的表达方法	1) 视图	(1) 方法：讲授法、案例教学法、观摩法 (2) 重点：复杂零件的表达方法	2
			2) 剖视图		
			3) 断面图		
			4) 其他表达方法 ①局部放大图 ②简化表示法		
		(2) 零件图识读	1) 曲轴零件结构形状的分析	(1) 方法：讲授法、案例教学法、观摩法 (2) 重点与难点：零件结构形状的分析	2
			2) 法兰盘零件结构形状的分析		

续表

模块	课程	学习单元	课程内容	培训建议	课堂学时
1．加工准备	1-1 读图与绘图	（3）简单零件图的画法	1）零件结构形状的表达	（1）方法：讲授法、案例教学法、练习法、实物示教法 （2）重点与难点：零件结构形状的表达	4
			2）图框线的绘制		
			3）技术要求的注写		
			4）标题栏的填写		
			5）简单轴盘类零件图绘制		
		（4）装配图的识读内容	1）装配图的作用	（1）方法：讲授法、案例教学法、练习法 （2）重点：装配图的内容，技术要求的注写	2
			2）装配图的内容		
			3）装配图的序号		
			4）标题栏和明细表		
			5）装配图技术要求的注写		
		（5）进给机构、主轴系统的装配图识读	1）进给机构装配图识读	（1）方法：讲授法、案例教学法、讨论法 （2）重点与难点：机械结构图及装配图的识读	2
			2）主轴系统装配图识读		
	1-2 制定加工工艺	（1）数控加工工艺基础	1）加工工艺基本概念 ①工艺系统 ②生产过程 ③工艺过程 ④工序、工步、工位 ⑤走刀、安装	（1）方法：讲授法、案例教学法、讨论法、观摩法 （2）重点与难点：数控车削加工工艺内容	2
			2）数控车削加工的主要对象及工艺特点		
			3）数控车削加工工艺的主要内容		
			4）制定简单轴类零件加工工艺的一般流程		
			5）批量加工工艺特点		

续表

模块	课程	学习单元	课程内容	培训建议	课堂学时
1．加工准备	1–2 制定加工工艺	（2）典型零件的加工工艺文件识读	1）工艺文件的概念 2）工艺文件的类型 3）复杂零件的数控车床加工工艺文件识读	（1）方法：讲授法、案例教学法、讨论法 （2）重点与难点：数控车床加工工艺文件识读	2
		（3）编制简单轴零件的数控车床加工工艺文件	1）制定工艺文件的步骤 2）数控加工工艺的制定方法与原则 3）数控车床加工工艺路线的拟订 4）典型轴类零件的数控车床加工工艺过程卡编制	（1）方法：讲授法、案例教学法、讨论法 （2）重点与难点：典型轴类零件的数控车床加工工艺过程卡编制	4
		（4）编制简单盘零件的数控车床加工工艺文件	1）典型盘类零件的数控车床加工工艺过程卡编制	（1）方法：讨论法、练习法 （2）重点与难点：典型盘类零件的数控车床加工工艺过程卡编制	4
	1–3 零件定位与装夹	（1）定位与夹紧的原理和方法	1）定位和基准的基本概念 ①工件的定位 ②基准的概念 ③六点定位原理 ④定位基本原理的应用 2）工件的定位方法和定位元件 ①工件的定位方法 ②定位元件 3）工件在夹具中的夹紧 ①夹紧装置的基本要求 ②夹紧力的确定	（1）方法：讲授法、案例教学法 （2）重点与难点：定位基本原理与定位元件	6

续表

模块	课程	学习单元	课程内容	培训建议	课堂学时
1．加工准备	1-3　零件定位与装夹	(2) 四爪单动卡盘的使用	1）四爪单动卡盘的工作特点 2）工件的找正 3）使用四爪单动卡盘的注意事项	(1) 方法：讲授法、演示法、练习法 (2) 重点与难点：四爪单动卡盘装夹工件的找正	4
		(3) 三爪自定心卡盘的使用	1）三爪自定心卡盘的结构 2）三爪自定心卡盘的特点及适用范围 3）三爪自定心卡盘定位方法 4）使用三爪自定心卡盘的注意事项	(1) 方法：讲授法、演示法、练习法 (2) 重点与难点：三爪自定心卡盘定位与夹紧	4
		(4) 两顶尖定位与夹紧	1）两顶尖定位的特点及适用范围 2）中心孔的种类及适用场合 3）中心钻折断的原因及预防措施 4）用两顶尖法装夹工件的注意事项 5）鸡心夹的选择和使用方法	(1) 方法：讲授法、演示法、练习法 (2) 重点与难点：用两顶尖法装夹工件	2
		(5) 一夹一顶装夹	1）一夹一项定位的特点及适用范围 2）回转顶尖的种类及选择 3）一夹一顶定位方法 4）一夹一顶装夹工件的注意事项	(1) 方法：讲授法、演示法、实物示教法、练习法 (2) 重点与难点：一夹一顶装夹工件的方法	2

续表

模块	课程	学习单元	课程内容	培训建议	课堂学时
1．加工准备	1–4 刀具准备	（1）数控车床常用刀具的种类、结构和特点	1）数控车床常用刀具的种类	（1）方法：讲授法、案例教学法、演示法 （2）重点与难点：可转位刀具的结构	1
			2）数控车床常用可转位刀具的结构		
		（2）数控车床常用刀具选择、安装与调整	1）数控车床常用刀片的种类及选择方法	（1）方法：讲授法、观摩法、实物示教法、练习法 （2）重点与难点：刀具角度分析，常用刀具的安装	4
			2）通用车削刀具材质的选择		
			3）通用车削刀具角度的选择		
			4）数控车床常用刀具的安装与调整		
		（3）外圆车刀刃磨	1）硬质合金刀头的刃磨方法	（1）方法：讲授法、观摩法、实物示教法、练习法 （2）重点与难点：前角、后角测量及控制	4
			2）前角、后角测量		
			3）刃磨注意事项		
		（4）切槽车刀刃磨	1）高速钢刀头的刃磨方法	（1）方法：讲授法、观摩法、实物示教法、练习法 （2）重点与难点：刀尖角角度测量与控制	6
			2）刀尖角角度测量		
			3）刃磨注意事项		
2．数控编程	2–1 手工编程	（1）数控机床编程知识	1）程序编制的基本概念	（1）方法：讲授法、案例教学法 （2）重点与难点：数控编程的步骤及方法	2
			2）数控编程的步骤		
			3）数控编程的方法		
			4）程序的结构与格式		

续表

模块	课程	学习单元	课程内容	培训建议	课堂学时
2. 数控编程	2-1 手工编程	（2）数控车床编程基础	1）数控车床常用指令及用法 2）程序结构和指令代码 3）数控车床编程特点 4）数控车床的坐标系和运动方向 5）数控车床编程规则 6）坐标点的计算方法	（1）方法：讲授法、案例教学法 （2）重点：数控车床编程规则 （3）难点：坐标点的计算	2
		（3）插补原理	1）直线插补原理 2）圆弧插补原理	（1）方法：讲授法、案例教学法、观摩法 （2）重点与难点：插补原理	1
		（4）直线、圆弧组成的二维轮廓手工编程	1）子弹挂件模型编程	（1）方法：演示法、练习法、讨论法 （2）重点与难点：直线圆弧程序编写	3
		（5）螺纹参数的计算	1）螺纹的重要参数 2）普通螺纹参数计算 3）英制螺纹尺寸计算	（1）方法：讲授法、演示法、练习法 （2）重点与难点：普通螺纹参数计算	2
		（6）简单圆柱螺纹零件加工程序编写	1）圆柱螺纹参数计算 2）圆柱螺纹加工程序编写	（1）方法：讲授法、演示法、练习法 （2）重点与难点：螺纹程序编写	2
		（7）简单圆锥螺纹零件加工程序编写	1）圆锥螺纹参数计算 2）圆锥螺纹加工程序编写	（1）方法：讲授法、演示法、练习法 （2）重点与难点：圆锥螺纹程序编写	2

续表

模块	课程	学习单元	课程内容	培训建议	课堂学时
2．数控编程	2-1 手工编程	(8) 运用固定循环编程	1）固定循环编程	(1) 方法：讲授法、演示法、讨论法、练习法 (2) 重点与难点：G90、G71、G73、G76指令	4
			2）复合循环编程		
		(9) 运用子程序编程	1）子程序基础知识 ①子程序定义 ②子程序指令 ③子程序格式	(1) 方法：讲授法、演示法、讨论法、练习法 (2) 重点与难点：用子程序编写槽切削程序	4
			2）用子程序编写槽切削程序		
			3）用子程序编写简单外形切削程序		
	2-2 计算机辅助编程	(1) 计算机二维绘图（CAXA数控车）	1）计算机绘图软件简介 ①界面 ②基本曲线 ③高级曲线 ④图形编辑 ⑤工程标注 ⑥完整图纸的表达	(1) 方法：讲授法、演示法、练习法 (2) 重点：基本曲线、图形编辑、工程标注、绘制图形 (3) 难点：绘制图形	12
			2）绘制简单轴、盘、套类零件图形		
		(2) 计算机辅助节点计算	1）计算机绘图软件（二维）的使用方法	(1) 方法：讲授法、演示法、练习法、讨论法 (2) 重点与难点：计算机辅助节点的计算方法	8
			2）计算机辅助节点的计算方法		
	2-3 数控加工仿真	(1) 数控加工过程仿真	1）数控加工仿真软件简介	(1) 方法：讲授法、演示法、案例教学法 (2) 重点与难点：几何仿真技术的主要内容及特点	6
			2）数控加工仿真的基本方法		
			3）几何仿真技术的主要内容及特点		

续表

<table>
<tr><th>模块</th><th>课程</th><th>学习单元</th><th>课程内容</th><th>培训建议</th><th>课堂学时</th></tr>
<tr><td rowspan="4">2．数控编程</td><td rowspan="4">2-3　数控加工仿真</td><td rowspan="2">（2）数控加工代码检查</td><td>1）代码检查的方法及意义</td><td rowspan="2">（1）方法：讲授法、演示法、练习法、讨论法
（2）重点与难点：代码检查流程</td><td rowspan="2">2</td></tr>
<tr><td>2）代码检查的流程</td></tr>
<tr><td rowspan="2">（3）数控加工干涉检查</td><td>1）干涉检查的类型
①刀具干涉
②夹具干涉
③型面干涉</td><td rowspan="2">（1）方法：讲授法、演示法、练习法
（2）重点与难点：干涉检查流程</td><td rowspan="2">2</td></tr>
<tr><td>2）干涉检查的流程</td></tr>
<tr><td rowspan="13">3．数控车床操作</td><td rowspan="8">3-1　操作面板</td><td rowspan="3">（1）数控车床开、关机基本操作</td><td>1）数控车控制面板构成</td><td rowspan="3">（1）方法：讲授法、实物示教法、练习法
（2）重点与难点：数控车床开、关机顺序</td><td rowspan="3">1</td></tr>
<tr><td>2）数控车床开机操作</td></tr>
<tr><td>3）数控车床关机操作</td></tr>
<tr><td rowspan="5">（2）数控车床面板基本操作</td><td>1）手动操作</td><td rowspan="5">（1）方法：讲授法、实物示教法、练习法
（2）重点与难点：MDI操作</td><td rowspan="5">1</td></tr>
<tr><td>2）手摇操作</td></tr>
<tr><td>3）回参考点</td></tr>
<tr><td>4）MDI操作（主轴、刀架、移动控制）</td></tr>
<tr><td>5）倍率修调</td></tr>
<tr><td rowspan="5">3-2　程序输入与编辑</td><td rowspan="2">（1）用PCMCIA卡输入程序</td><td>1）数控加工程序的输入方法</td><td rowspan="2">（1）方法：讲授法、演示法、练习法
（2）重点与难点：PCMCIA卡程序输入的步骤及要点</td><td rowspan="2">1</td></tr>
<tr><td>2）用PCMCIA卡输入程序</td></tr>
<tr><td rowspan="3">（2）用DNC输入加工程序</td><td>1）数控网络知识</td><td rowspan="3">（1）方法：讲授法、演示法、练习法
（2）重点与难点：用DNC输入加工程序</td><td rowspan="3">1</td></tr>
<tr><td>2）DNC常识</td></tr>
<tr><td>3）用DNC输入加工程序</td></tr>
</table>

续表

模块	课程	学习单元	课程内容	培训建议	课堂学时
3．数控车床操作	3-2　程序输入与编辑	（3）用操作面板编辑加工程序	1）操作面板输入程序的方法	（1）方法：讲授法、演示法、练习法 （2）重点与难点：图形模拟检验程序	2
			2）程序输入		
			3）程序编辑		
			4）图形模拟检验程序		
	3-3　对刀	（1）对刀和工件坐标系的确定	1）数控机床的坐标系	（1）方法：讲授法、演示法、练习法 （2）重点与难点：对刀方法与选择	4
			2）数控机床的相关点		
			3）对刀的方法		
			4）对刀方法选择		
		（2）刀具补偿值的设置	1）刀具尺寸补偿输入	（1）方法：讲授法、演示法、练习法 （2）重点：刀尖半径补偿值和刀尖方位号输入	4
			2）刀尖半径补偿值和刀尖方位号输入		
	3-4　程序调试与运行	（1）程序调试与运行	1）程序的校验	（1）方法：讲授法、演示法、练习法 （2）重点与难点：程序的检查校验，零件试切	6
			2）程序的空运行与单步执行		
			3）零件试切 ①调试注意事项 ②处置方法		
4．零件加工	4-1　零件精度检验	（1）通用量具的使用	1）卡尺 ①游标卡尺 ②深度游标卡尺	（1）方法：实物示教法、练习法、讨论法 （2）重点与难点：千分尺的使用	6
			2）千分尺		
			3）百分表		

续表

模块	课程	学习单元	课程内容	培训建议	课堂学时
4．零件加工	4-1 零件精度检验	（2）尺寸精度的检测	1）长度、外径的直接检测	（1）方法：演示法、练习法 （2）重点与难点：角度的直接检测	2
			2）高度、深度的直接检测		
			3）内径的直接检测		
			4）螺纹的直接检测		
			5）角度的直接检测		
		（3）车削中常见形状精度的检验	1）圆柱度检测	（1）方法：讲授法、演示法、练习法 （2）重点与难点：圆柱度检测	2
			2）直线度检测		
		（4）车削中常见位置精度的检验	1）跳动、同轴度检测	（1）方法：讲授法、演示法、练习法 （2）重点：同轴度检测	2
			2）垂直度检测		
		（5）零件的交检	1）零件的交检制度	（1）方法：讲授法、演示法 （2）重点：零件的交检制度	1
	4-2 轮廓加工	（1）简单轴类零件加工	1）简单轴类零件的装夹方法 ①单件生产 ②批量生产	（1）方法：演示法、练习法、项目教学法 （2）重点：切削用量的确定 （3）难点：轴类零件的加工工艺路线确定	16
			2）轴类零件轮廓加工路线		
			3）外圆车削刀具选择		
			4）确定切削用量		
			5）编写程序		
			6）简单轴类零件加工 ①台阶轴加工 ②外轮廓加工（直线、斜线外轮廓的车削、平端面的车削）		

续表

模块	课程	学习单元	课程内容	培训建议	课堂学时
4．零件加工	4-2 轮廓加工	（2）套类零件加工	1）套类零件的装夹方法	（1）方法：演示法、练习法、项目教学法 （2）重点：切削用量的确定 （3）难点：套类零件的装夹方法确定	16
			2）套类零件轮廓加工路线		
			3）内孔车削刀具选择		
			4）确定切削用量		
			5）编写程序		
			6）套类零件加工 ①直线内轮廓加工 ②台阶孔加工		
		（3）盘类零件加工	1）盘类零件的装夹方法	（1）方法：演示法、练习法、项目教学法 （2）重点：切削用量的确定 （3）难点：盘类零件的装夹方法确定	16
			2）盘类零件轮廓加工路线		
			3）端面切削刀具选择		
			4）确定切削用量		
			5）编写程序		
			6）盘类零件加工		
		（4）支架类零件加工	1）支架类零件的装夹方法	（1）方法：演示法、练习法、项目教学法 （2）重点：支架类零件轮廓加工路线确定 （3）难点：支架类零件的装夹方法确定	16
			2）支架类零件轮廓加工路线		
			3）支架类零件切削刀具选择		

续表

模块	课程	学习单元	课程内容	培训建议	课堂学时
4．零件加工	4-2　轮廓加工	（4）支架类零件加工	4）确定切削用量		
			5）编写程序		
			6）支架类零件加工		
		（5）综合类零件加工	1）内外轮廓零件实例分析	（1）方法：案例教学法、演示法、练习法 （2）重点与难点：内外轮廓零件加工工艺分析	16
			2）内外轮廓零件车削		
	4-3　螺纹加工	（1）单线等节距普通螺纹车刀选择	1）螺纹车削加工方法	（1）方法：讲授法、案例教学法 （2）重点：螺纹车削加工路线的确定 （3）难点：外螺纹车刀的刃磨	4
			2）螺纹车刀的种类及选择		
			3）单线等节距普通三角形螺纹的参数及计算		
			4）螺纹车削加工路线		
			5）螺纹车刀的刃磨方法		
			6）外螺纹车刀的刃磨		
		（2）单线等节距普通三角形外螺纹加工	1）三角形外螺纹加工工艺准备	（1）方法：讲授法、演示法、练习法 （2）重点：切削用量的确定 （3）难点：尺寸控制方法	10
			2）三角形外螺纹车削刀具选择		
			3）确定切削用量		
			4）编写程序		
			5）外螺纹加工		
			6）尺寸控制方法		
			7）加工中存在问题及解决方法		

续表

模块	课程	学习单元	课程内容	培训建议	课堂学时
4．零件加工	4–3　螺纹加工	（3）单线等节距普通三角形内螺纹加工	1）三角形内螺纹加工工艺准备	（1）方法：讲授法、演示法、练习法 （2）重点：切削用量的确定 （3）难点：尺寸控制方法	10
			2）三角形内螺纹车削刀具选择		
			3）确定切削用量		
			4）编写程序		
			5）内螺纹加工		
			6）尺寸控制方法		
			7）加工中存在问题及解决方法		
	4–4　槽类加工	（1）外径槽加工	1）外径槽加工路线	（1）方法：讲授法、演示法、练习法 （2）重点：外径槽刀具选择 （3）难点：外径槽加工路线的确定	8
			2）外径槽刀具选择		
			3）确定切削用量		
			4）编写程序		
			5）外径槽加工		
			6）尺寸控制方法		
			7）加工中存在问题及解决方法		
		（2）内径槽加工	1）内径槽加工路线	（1）方法：讲授法、演示法、练习法 （2）重点：内径槽刀具选择 （3）难点：槽型尺寸控制方法	8
			2）内径槽刀具选择		
			3）确定切削用量		
			4）编写程序		
			5）内径槽加工		
			6）尺寸控制方法		
			7）加工中存在问题及解决方法		
		（3）端面槽加工	1）端面槽加工路线	（1）方法：讲授法、演示法、练习法 （2）重点：端面槽刀具选择 （3）难点：槽型尺寸控制方法	8
			2）端面槽刀具选择		
			3）确定切削用量		

续表

模块	课程	学习单元	课程内容	培训建议	课堂学时
4．零件加工	4-4 槽类加工	（3）端面槽加工	4）编写程序		
			5）端面槽加工		
			6）尺寸控制方法		
			7）加工中存在问题及解决方法		
	4-5 孔加工	（1）孔加工工艺	1）孔加工方法	（1）方法：讲授法、演示法、练习法 （2）重点：孔加工方法 （3）难点：孔加工工艺	4
			2）孔加工工艺		
		（2）钻孔、扩孔、铰孔	1）中心钻种类	（1）方法：讲授法、演示法、练习法 （2）重点：钻孔 （3）难点：钻孔切削参数确定	16
			2）钻削		
			3）铰削		
			4）镗削		
			5）加工中存在问题及解决方法		
		（3）孔尺寸的控制	1）孔径控制	（1）方法：讲授法、演示法、练习法 （2）重点：孔径控制方法 （3）难点：孔深控制方法	4
			2）孔深控制		
5．数控车床维护和故障诊断	5-1 数控车床日常维护	（1）数控车床操作规程	1）数控车床安全操作	（1）方法：讲授法、案例教学法 （2）重点与难点：数控车床安全操作	1

续表

模块	课程	学习单元	课程内容	培训建议	课堂学时
5. 数控车床维护和故障诊断	5-1 数控车床日常维护	(2) 数控车床日常保养	1) 数控车床机械系统日常维护 2) 数控车床电气系统日常维护 3) 数控车床气压系统日常维护 4) 数控车床液压系统日常维护 5) 数控车床冷却系统日常维护 6) 数控车床数控系统日常维护	(1) 方法：讲授法、演示法、练习法 (2) 重点与难点：数控车床机械系统日常维护	1
	5-2 数控车床故障诊断	(1) 数控系统报警信息及其处理	1) 报警信息的种类 2) 常见报警信息处理	(1) 方法：讲授法、案例教学法 (2) 重点与难点：常见报警信息处理	1
		(2) 数控车床常见故障诊断与排除	1) 数控车床常见故障的诊断方法 2) 常见编程、操作故障的排除	(1) 方法：讲授法、案例教学法、演示法 (2) 重点与难点：故障的诊断方法与解决	2
	5-3 数控车床精度检查	(1) 数控车床水平检查	1) 数控车床的精度 2) 水平仪的使用 3) 机床垫铁的种类及调整方法 4) 数控车床水平调整	(1) 方法：讲授法、演示法、练习法 (2) 重点与难点：水平仪的使用	1
课堂学时合计					300

2.2.3 高级职业技能培训课程规范

模块	课程	学习单元	课程内容	培训建议	课堂学时
1. 加工准备	1-1 读图与绘图	(1) 平口钳装配图识读	1) 识读装配图的一般流程 ①零部件的装配关系分析 ②配合尺寸关系分析 2) 平口钳的构成与原理 3) 平口钳装配图识读	(1) 方法：讲授法、实物示教法 (2) 重点与难点：装配公差识读	2

续表

模块	课程	学习单元	课程内容	培训建议	课堂学时
1．加工准备	1-1　读图与绘图	（2）普通四方刀架装配图识读	1）普通四方刀架的构成 2）标准件及常用件的表示方法 3）普通四方刀架装配图识读	（1）方法：讲授法、实物示教法 （2）重点与难点：装配技术要求识读	2
		（3）平口钳装配图拆画零件图	1）根据装配图拆画零件图的方法 2）典型零件的表示方法 3）平口钳装配图拆画零件图	（1）方法：讲授法、练习法 （2）重点与难点：根据装配图拆画零件图的依据	8
		（4）机床主轴测绘	1）零件测绘方案 ①装配关系分析 ②装配公差分配 ③尺寸配合关系分配 ④测绘工具选择 2）机床主轴测绘	（1）方法：讲授法、演示法、练习法 （2）重点与难点：尺寸配合关系分配	4
	1-2　制定加工工艺	（1）工艺尺寸链的计算	1）尺寸链的概念 2）增环、减环、封闭环的概念 3）尺寸链计算	（1）方法：讲授法、练习法 （2）重点与难点：封闭环判断	4
		（2）复杂轴类零件的加工工艺文件编制	1）车床主轴加工难点分析 2）车床主轴加工难点解决 3）车床主轴的加工工艺文件编制 ①工艺过程卡编制 ②工序卡编制 ③刀具卡编制	（1）方法：讲授法、练习法 （2）重点与难点：加工工艺文件编制	4
		（3）配合零件的加工工艺文件编制	1）配合件概念及类型 2）配合件加工难点分析 3）配合件加工难点解决 4）配合件加工工艺文件编制	（1）方法：讲授法、讨论法、练习法 （2）重点与难点：配做思路	4

续表

模块	课程	学习单元	课程内容	培训建议	课堂学时
1. 加工准备	1-3 零件定位与装夹	(1) 数控车床组合夹具的选用	1) 数控车床组合夹具的概念及适用范围	(1) 方法：讲授法、演示法 (2) 重点与难点：组合夹具的调整	2
			2) 组合夹具的使用与调整		
			3) 组合夹具的选用		
		(2) 数控车床专用夹具的调整与使用	1) 数控车床专用夹具的概念及适用范围	(1) 方法：讲授法、演示法 (2) 重点与难点：专用夹具的调整	4
			2) 专用夹具的使用与调整		
			3) 常见专用夹具的选用		
			4) 专用夹具的对刀、找正方法		
		(3) 车床夹具的定位误差分析与计算	1) 定位误差的概念 ①基准不重合误差 ②基准位移误差	(1) 方法：讲授法、讨论法、练习法 (2) 重点与难点：定位误差分析	6
			2) 同轴度的误差分析		
			3) 平行度的误差分析		
			4) 边距尺寸的误差分析		
		(4) 装夹辅具的设计	1) 装夹辅具设计的原则与方法	(1) 方法：讲授法、演示法、练习法 (2) 重点与难点：装夹辅具设计思路	8
			2) 辅具的使用条件		
			3) 心轴的设计		
			4) 轴套的设计		
			5) 法兰盘的设计		
			6) 大尺寸测量辅具的设计		

续表

<table>
<tr><th>模块</th><th>课程</th><th>学习单元</th><th>课程内容</th><th>培训建议</th><th>课堂学时</th></tr>
<tr><td rowspan="18">1．加工准备</td><td rowspan="5">1-3　零件定位与装夹</td><td rowspan="5">（5）装夹辅具的自制</td><td>1）自制辅具的材质选择</td><td rowspan="5">（1）方法：讲授法、示范法、练习法
（2）重点与难点：装夹辅具的测量</td><td rowspan="5">8</td></tr>
<tr><td>2）心轴的自制</td></tr>
<tr><td>3）轴套的自制</td></tr>
<tr><td>4）法兰盘的自制</td></tr>
<tr><td>5）大尺寸测量辅具的自制</td></tr>
<tr><td rowspan="13">1-4　刀具准备</td><td rowspan="5">（1）车削刀具附件的选择</td><td>1）内孔车刀座</td><td rowspan="5">（1）方法：讲授法、练习法
（2）重点与难点：刀具附件的选择依据</td><td rowspan="5">2</td></tr>
<tr><td>2）垫刀片</td></tr>
<tr><td>3）扳手</td></tr>
<tr><td>4）切槽刀座</td></tr>
<tr><td>5）其他附件</td></tr>
<tr><td rowspan="2">（2）难加工材料的刀具选择</td><td>1）难加工材料的分类及特点
①不锈钢
②淬硬钢
③纯铝
④纯铁
⑤紫铜
⑥钛合金</td><td rowspan="2">（1）方法：讲授法
（2）重点与难点：刀具材质、角度分析</td><td rowspan="2">6</td></tr>
<tr><td>2）难加工材料的刀具选择
①刀具材料
②刀具结构
③几何参数</td></tr>
<tr><td rowspan="5">（3）刃磨特殊车削刀具</td><td>1）特殊车削刀具的定义</td><td rowspan="5">（1）方法：讲授法、演示法、练习法
（2）重点与难点：成型刀的刃磨</td><td rowspan="5">6</td></tr>
<tr><td>2）成型刀的刃磨</td></tr>
<tr><td>3）内孔加工刀具的刃磨</td></tr>
<tr><td>4）端面槽加工刀具的刃磨</td></tr>
<tr><td>5）螺纹加工刀具的刃磨</td></tr>
</table>

续表

模块	课程	学习单元	课程内容	培训建议	课堂学时
2. 数控编程	2-1 手工编程	(1) 变量编程基础知识	1) 宏程序的概念和作用	(1) 方法：讲授法 (2) 重点与难点：变量编程方法	4
			2) 变量 ①变量的表示 ②变量的类型、范围、引用、赋值		
			3) 算术运算、逻辑运算		
			4) 宏程序的调用方法 ①非模态调用、模态调用 ②宏程序编制的注意事项		
			5) 宏程序的控制指令 ①无条件转移指令 ②条件转移指令 ③循环指令		
		(2) 含二次曲线的零件变量编程	1) 二次曲线的数学表达	(1) 方法：讲授法、练习法 (2) 重点与难点：公式曲线的计算，起点、重点查验	6
			2) 椭圆的变量编程		
			3) 抛物线的变量编程		
			4) 双曲线的变量编程		
	2-2 计算机辅助编程	(1) 平口钳装配图绘制	1) 连接关系的图形表示	(1) 方法：讲授法、演示法、练习法 (2) 重点与难点：装配关系表达	8
			2) 装配组合图形的表示		
			3) 极限位置的表达		

续表

模块	课程	学习单元	课程内容	培训建议	课堂学时
2．数控编程	2–2　计算机辅助编程	（2）简单自动编程	1）计算机辅助编程基础	（1）方法：讲授法、练习法 （2）重点与难点：走刀路线设计	8
			2）轮廓编程 ①轮廓粗车、精车 ②切槽 ③螺纹加工		
			3）参数设置		
			4）生成代码		
			5）传输功能		
	2–3　数控加工仿真	（1）多轴加工过程仿真	1）车削中心工艺特点及应用	（1）方法：讲授法、演示法、练习法 （2）重点与难点：加工过程仿真	4
			2）车削中心加工过程仿真		
		（2）数控加工工时估算	1）工时估算的依据	（1）方法：讲授法 （2）重点与难点：工时估算与实践的结合	2
			2）工时估算的方法和意义		
			3）加工运行时间估算		
3．零件加工	3–1　轮廓加工	（1）细长轴零件车削加工	1）细长轴的概念	（1）方法：讲授法、演示法、练习法 （2）重点与难点：细长轴加工工艺	12
			2）细长轴零件的加工特点		
			3）细长轴零件的装夹及变形解决方法		
			4）典型细长轴零件的加工工艺分析		
		（2）薄壁零件车削加工	1）薄壁零件的概念及种类 ①壳体类 ②套筒类 ③轴尖类	（1）方法：讲授法、演示法、练习法 （2）重点与难点：薄壁零件的装夹	12
			2）薄壁零件加工特点		
			3）薄壁零件的装夹及变形解决方法		

续表

<table>
<tr><th>模块</th><th>课程</th><th>学习单元</th><th>课程内容</th><th>培训建议</th><th>课堂学时</th></tr>
<tr><td rowspan="16">3．零件加工</td><td>3-1 轮廓加工</td><td>（2）薄壁零件车削加工</td><td>4）典型薄壁零件加工工艺分析</td><td></td><td></td></tr>
<tr><td rowspan="15">3-2 螺纹加工</td><td rowspan="7">（1）等节距T形螺纹车削加工</td><td>1）T形螺纹的概念及种类</td><td rowspan="7">（1）方法：讲授法、演示法、练习法
（2）重点与难点：T形螺纹刀具分析、程序编制</td><td rowspan="7">12</td></tr>
<tr><td>2）T形螺纹刀具选择</td></tr>
<tr><td>3）T形螺纹工艺参数选择</td></tr>
<tr><td>4）T形螺纹加工程序编制</td></tr>
<tr><td>5）T形螺纹加工注意事项</td></tr>
<tr><td>6）T形螺纹精度检测</td></tr>
<tr><td>7）典型T形螺纹加工工艺分析</td></tr>
<tr><td rowspan="7">（2）等节距锥螺纹车削加工</td><td>1）锥螺纹种类及适用场合</td><td rowspan="7">（1）方法：讲授法、演示法、练习法
（2）重点与难点：加工精度检测</td><td rowspan="7">12</td></tr>
<tr><td>2）锥螺纹刀具选择</td></tr>
<tr><td>3）锥螺纹工艺参数选择</td></tr>
<tr><td>4）锥螺纹加工程序编制</td></tr>
<tr><td>5）锥螺纹加工注意事项</td></tr>
<tr><td>6）锥螺纹加工精度检测</td></tr>
<tr><td>7）典型锥螺纹加工工艺分析</td></tr>
<tr><td>（3）变节距螺纹车削加工</td><td>1）变节距螺纹种类及适用场合</td><td></td><td></td></tr>
</table>

续表

<table>
<tr><th>模块</th><th>课程</th><th>学习单元</th><th>课程内容</th><th>培训建议</th><th>课堂学时</th></tr>
<tr><td rowspan="17">3．零件加工</td><td rowspan="4">3-2　螺纹加工</td><td rowspan="4">（3）变节距螺纹车削加工</td><td>2）变节距螺纹加工程序编制</td><td rowspan="4">（1）方法：讲授法、演示法、练习法
（2）重点与难点：起刀点设置</td><td rowspan="4">12</td></tr>
<tr><td>3）变节距螺纹加工注意事项</td></tr>
<tr><td>4）变节距螺纹加工精度检测</td></tr>
<tr><td>5）典型变节距螺纹加工工艺分析</td></tr>
<tr><td rowspan="5">3-3　孔加工</td><td rowspan="5">（1）深孔类零件车削加工</td><td>1）深孔的概念</td><td rowspan="5">（1）方法：讲授法、演示法、练习法
（2）重点与难点：深孔类零件加工工艺</td><td rowspan="5">14</td></tr>
<tr><td>2）深孔类零件加工难点分析</td></tr>
<tr><td>3）深孔类零件加工刀具选择</td></tr>
<tr><td>4）深孔类零件加工精度检测</td></tr>
<tr><td>5）典型深孔类零件加工工艺分析</td></tr>
<tr><td rowspan="7">3-4　配合件加工</td><td rowspan="4">（1）轴套配合件车削加工</td><td>1）配合的概念及类型</td><td rowspan="4">（1）方法：讲授法、演示法、练习法
（2）重点与难点：配合间隙控制</td><td rowspan="4">16</td></tr>
<tr><td>2）轴套配合件加工难点分析</td></tr>
<tr><td>3）轴套配合件加工精度检测</td></tr>
<tr><td>4）轴套配合件的组装</td></tr>
<tr><td rowspan="3">（2）锥度配合件车削加工</td><td>1）锥度配合件加工难点分析</td><td rowspan="3">（1）方法：讲授法、演示法、练习法
（2）重点与难点：加工精度检测方法、锥度控制</td><td rowspan="3">16</td></tr>
<tr><td>2）锥度配合件加工精度检测</td></tr>
<tr><td>3）锥度配合件的组装</td></tr>
</table>

续表

<table>
<tr><th>模块</th><th>课程</th><th>学习单元</th><th>课程内容</th><th>培训建议</th><th>课堂学时</th></tr>
<tr><td rowspan="10">3．零件加工</td><td rowspan="3">3-4　配合件加工</td><td rowspan="3">（3）曲面配合件车削加工</td><td>1）曲面配合件加工难点分析</td><td rowspan="3">（1）方法：讲授法、演示法、练习法
（2）重点与难点：加工精度检测方法</td><td rowspan="3">16</td></tr>
<tr><td>2）曲面配合件加工精度检测</td></tr>
<tr><td>3）曲面配合件的组装</td></tr>
<tr><td rowspan="7">3-5　零件精度检验</td><td rowspan="2">（1）使用百分表、千分表进行在线测量及参数调整</td><td>1）在线测量技术及意义</td><td rowspan="2">（1）方法：讲授法、演示法、练习法
（2）重点与难点：在线测量技术</td><td rowspan="2">4</td></tr>
<tr><td>2）加工技术参数调整
①机床反向间隙
②尾座
③双顶尖</td></tr>
<tr><td rowspan="3">（2）多线螺纹精度检验</td><td>1）多线螺纹精度检具分析</td><td rowspan="3">（1）方法：讲授法、演示法、练习法
（2）重点与难点：多线螺纹精度检验方案</td><td rowspan="3">4</td></tr>
<tr><td>2）多线螺纹精度检验方案</td></tr>
<tr><td>3）多线螺纹精度检验注意事项</td></tr>
<tr><td rowspan="4">（3）加工误差分析</td><td>1）误差分析的概念</td><td rowspan="4">（1）方法：讲授法、讨论法
（2）重点与难点：几何精度误差分析</td><td rowspan="4">4</td></tr>
<tr><td>2）尺寸精度误差分析</td></tr>
<tr><td>3）几何精度误差分析</td></tr>
<tr><td>4）表面加工质量误差分析</td></tr>
<tr><td rowspan="4">4．数控车床维护与精度检验</td><td rowspan="4">4-1　数控车床日常维护</td><td rowspan="2">（1）制定数控车床的日常维护规程</td><td>1）数控车床的日常维护规程</td><td rowspan="2">（1）方法：讲授法
（2）重点与难点：日常维护规程制定方法</td><td rowspan="2">2</td></tr>
<tr><td>2）数控车床日常维护规程的制定方法</td></tr>
<tr><td rowspan="2">（2）监督检查数控车床的日常维护状况</td><td>1）数控车床维护管理基本知识</td><td rowspan="2">（1）方法：讲授法
（2）重点与难点：日常点检</td><td rowspan="2">2</td></tr>
<tr><td>2）数控车床的日常点检</td></tr>
</table>

续表

模块	课程	学习单元	课程内容	培训建议	课堂学时
4．数控车床维护与精度检验	4–2 数控车床故障诊断	（1）数控车床机械系统一般故障诊断	1）数控车床机械系统一般故障类别 2）数控车床常见机械系统故障分析	（1）方法：讲授法、练习法 （2）重点与难点：故障分析与判断	1
		（2）数控车床液压系统一般故障诊断	1）数控车床液压系统一般故障类别 2）数控车床常见液压系统故障分析	（1）方法：讲授法、练习法 （2）重点与难点：故障分析与判断	1
		（3）数控车床气压系统一般故障诊断	1）数控车床气压系统一般故障类别 2）数控车床常见气压系统故障分析	（1）方法：讲授法、练习法 （2）重点与难点：故障分析与判断	1
		（4）数控车床冷却系统一般故障诊断	1）数控车床冷却系统一般故障类别 2）数控车床常见冷却系统故障分析	（1）方法：讲授法、练习法 （2）重点与难点：故障分析与判断	1
		（5）数控车床控制系统一般故障诊断	1）数控车床控制系统组成 2）数控车床常见控制系统故障分析	（1）方法：讲授法、练习法 （2）重点与难点：故障分析与判断	2
		（6）数控车床电气系统一般故障诊断	1）数控车床电气系统组成 2）数控车床常见电气系统故障分析	（1）方法：讲授法、练习法 （2）重点与难点：故障分析与判断	2
		（7）数控车床刀架的一般故障诊断	1）数控车床刀架的结构 2）数控车床刀架故障分析	（1）方法：讲授法 （2）重点与难点：故障分析与判断	4

续表

<table>
<tr><th>模块</th><th>课程</th><th>学习单元</th><th>课程内容</th><th>培训建议</th><th>课堂学时</th></tr>
<tr><td rowspan="6">4．数控车床维护与精度检验</td><td rowspan="6">4-3　机床精度检验</td><td rowspan="3">（1）机床几何精度检验</td><td>1）数控车床的几何精度</td><td rowspan="3">（1）方法：讲授法、演示法、练习法
（2）重点与难点：几何精度检验方法</td><td rowspan="3">4</td></tr>
<tr><td>2）数控车床几何精度的出厂检验标准</td></tr>
<tr><td>3）数控车床一般几何精度检验</td></tr>
<tr><td rowspan="3">（2）数控车床切削精度检验</td><td>1）数控车床的切削精度</td><td rowspan="3">（1）方法：讲授法、演示法、练习法
（2）重点与难点：切削精度检验方法</td><td rowspan="3">4</td></tr>
<tr><td>2）数控车床切削精度的出厂检验标准</td></tr>
<tr><td>3）数控车床切削精度检验</td></tr>
<tr><td colspan="5">课堂学时合计</td><td>260</td></tr>
</table>

2.2.4 技师职业技能培训课程规范

<table>
<tr><th>模块</th><th>课程</th><th>学习单元</th><th>课程内容</th><th>培训建议</th><th>课堂学时</th></tr>
<tr><td rowspan="7">1．加工准备</td><td rowspan="7">1-1　读图与绘图</td><td rowspan="3">（1）通用夹具装配图绘制</td><td>1）通用夹具的种类及用途</td><td rowspan="3">（1）方法：讲授法、实物示教法、练习法
（2）重点与难点：组合夹具装配图的绘制</td><td rowspan="3">4</td></tr>
<tr><td>2）通用夹具基本元件</td></tr>
<tr><td>3）典型组合夹具装配图绘制</td></tr>
<tr><td rowspan="2">（2）专用夹具装配图绘制</td><td>1）常见结构专用夹具的种类及用途</td><td rowspan="2">（1）方法：讲授法、练习法
（2）重点与难点：专用夹具装配图的绘制</td><td rowspan="2">4</td></tr>
<tr><td>2）典型专用夹具绘制（弯板夹具）</td></tr>
<tr><td rowspan="2">（3）常用数控车床机械结构图识读</td><td>1）数控车床机械结构构成</td><td rowspan="2">（1）方法：讲授法、案例教学法、练习法、实物示教法
（2）重点与难点：数控车床典型传动机构结构图识读</td><td rowspan="2">4</td></tr>
<tr><td>2）数控车床机械结构图的识读</td></tr>
</table>

续表

<table>
<tr><th>模块</th><th>课程</th><th>学习单元</th><th>课程内容</th><th>培训建议</th><th>课堂学时</th></tr>
<tr><td rowspan="13">1. 加工准备</td><td rowspan="3">1-1 读图与绘图</td><td rowspan="3">（4）数控车床典型机构装配图识读</td><td>1）主轴传动部件功能与配合关系分析</td><td rowspan="3">（1）方法：讲授法、练习法、实物示教法
（2）重点与难点：零部件配合与运动关系分析</td><td rowspan="3">6</td></tr>
<tr><td>2）换刀机构部件功能与配合关系分析</td></tr>
<tr><td>3）直线传动机构部件功能与配合关系分析</td></tr>
<tr><td rowspan="10">1-2 制定加工工艺</td><td rowspan="3">（1）高难度、高精密零件数控加工工艺文件编制</td><td>1）机械加工工艺种类及不同工艺的用途、特点</td><td rowspan="3">（1）方法：讨论法、案例教学法
（2）重点与难点：高难度、高精零件的加工难点及工艺思路</td><td rowspan="3">8</td></tr>
<tr><td>2）高难度、高精密零件的加工难点及工艺思路</td></tr>
<tr><td>3）异形零件加工工艺难点分析及解决方法</td></tr>
<tr><td rowspan="3">（2）特殊材料零件数控加工工艺文件编制</td><td>1）特殊材料种类、特性及切削特点</td><td rowspan="3">（1）方法：讨论法、案例教学法
（2）重点与难点：特殊材料种类、特性及切削特点、常用加工工艺</td><td rowspan="3">8</td></tr>
<tr><td>2）特殊材料常用加工工艺</td></tr>
<tr><td>3）不锈钢轴套加工工艺难点分析及解决方法</td></tr>
<tr><td rowspan="2">（3）轴套类零件加工工艺改进建议书编制</td><td>1）轴套类零件加工工艺特征</td><td rowspan="2">（1）方法：讨论法、案例教学法
（2）重点：轴套类零件加工工艺特征
（3）难点：制订工艺改进方案</td><td rowspan="2">6</td></tr>
<tr><td>2）轴套类零件典型案例分析与工艺改进</td></tr>
<tr><td rowspan="2">（4）数控加工新知识</td><td>1）高速加工</td><td rowspan="2">（1）方法：讲授法、观摩法、演示法
（2）重点：高速加工，互联网加工</td><td rowspan="2">2</td></tr>
<tr><td>2）互联网加工</td></tr>
</table>

续表

模块	课程	学习单元	课程内容	培训建议	课堂学时
1. 加工准备	1-2 制定加工工艺	(5) 数控加工新技术	1) 机床控制新技术	(1) 方法：讲授法、观摩法、演示法 (2) 重点：机床控制新技术	2
			2) 虚拟加工技术		
			3) 激光加工技术		
			4) 超声加工技术		
		(6) 数控加工新工艺	1) 3D 打印技术	(1) 方法：讲授法、观摩法、演示法 (2) 重点与难点：3D 打印技术，复合加工工艺	2
			2) 复合加工工艺		
		(7) 新材料应用	1) 复合材料特性及加工特点	(1) 方法：讲授法、观摩法、演示法 (2) 重点：新型材料的加工特点	2
			2) 陶瓷材料特性及加工特点		
			3) 其他新型材料特性及加工特点		
	1-3 零件定位与装夹	(1) 轴套类零件专用夹具设计与制作	1) 轴套类零件专用夹具的特点及构成	(1) 方法：讨论法、练习法、案例教学法 (2) 重点与难点：轴套类零件专用夹具的特点及构成	4
			2) 典型轴套类零件夹具设计制作		
		(2) 盘类零件专用夹具设计与制作	1) 盘类零件专用夹具的特点及构成	(1) 方法：讨论法、练习法、案例教学法 (2) 重点与难点：盘类零件专用夹具的特点及构成	4
			2) 典型盘类零件专用夹具设计制作		
	1-4 刀具准备	(1) 金属去除率计算	1) 切削三要素与金属去除率	(1) 方法：讲授法 (2) 重点与难点：切削三要素与金属去除率	2
			2) 金属去除率计算		
		(2) 刀具寿命估算	1) 刀具磨损形式	(1) 方法：讲授法 (2) 重点与难点：刀具磨损形式、影响刀具磨损的因素	2
			2) 影响刀具磨损的因素		
			3) 刀具寿命估算		

续表

模块	课程	学习单元	课程内容	培训建议	课堂学时
1．加工准备	1–4　刀具准备	（3）机床刀具寿命管理功能应用	1）机床刀具寿命管理功能的特点 2）刀具寿命的参数设定方法 3）延长刀具寿命的方法	（1）方法：讲授法、演示法 （2）重点与难点：延长刀具寿命的方法	4
		（4）新刀具应用	1）新型刀具材料、种类 2）新型刀具切削加工特点与应用案例	（1）方法：讲授法、演示法 （2）重点与难点：新型刀具切削加工特征	2
2．数控编程	2–1　手工编程	（1）编制分度孔加工程序	1）C 轴分度加工指令 2）C 轴分度加工刀具路径控制 3）C 轴分度加工手工编程	（1）方法：讲授法、练习法 （2）重点与难点：C 轴分度加工指令，C 轴刀具路径控制	6
		（2）编制端面方形铣削程序	1）三轴加工指令 2）三轴加工刀具路径控制 3）三轴加工手工编程	（1）方法：讲授法、练习法 （2）重点与难点：三轴加工刀具路径控制	6
		（3）编制外圆柱面凸轮槽车铣加工程序	1）Y 轴车床结构与功能 2）Y 轴编程指令及刀具路径 3）Y 轴手工编程	（1）方法：讲授法、练习法 （2）重点与难点：Y 轴车床结构与功能、Y 轴编程指令及刀具路径	8
	2–2　计算机辅助编程	（1）车削零件造型	1）CAD/CAM 软件使用 2）车削轮廓造型 3）刀具参数设置	（1）方法：讲授法、练习法 （2）重点与难点：CAD/CAM 软件功能使用	6

续表

<table>
<tr><th>模块</th><th>课程</th><th>学习单元</th><th>课程内容</th><th>培训建议</th><th>课堂学时</th></tr>
<tr><td rowspan="12">2. 数控编程</td><td rowspan="7">2-2 计算机辅助编程</td><td rowspan="3">(2) 车削加工轨迹生成</td><td>1) 切削路径选择</td><td rowspan="3">(1) 方法：讲授法、练习法
(2) 重点与难点：切削路径选择</td><td rowspan="3">6</td></tr>
<tr><td>2) 刀具参数设置</td></tr>
<tr><td>3) 轨迹生成及校验</td></tr>
<tr><td rowspan="2">(3) 后置参数设置</td><td>1) 后置参数功能</td><td rowspan="2">(1) 方法：讲授法、练习法
(2) 重点与难点：后置参数设置</td><td rowspan="2">4</td></tr>
<tr><td>2) 后置参数设置</td></tr>
<tr><td rowspan="2">(4) 程序生成及校验</td><td>1) G 代码生成与传输</td><td rowspan="2">(1) 方法：讲授法、练习法
(2) 重点与难点：程序模拟校验</td><td rowspan="2">4</td></tr>
<tr><td>2) 程序模拟校验</td></tr>
<tr><td rowspan="4">2-3 数控加工仿真</td><td rowspan="4">(1) 加工过程仿真及优化</td><td>1) 模拟软件功能</td><td rowspan="4">(1) 方法：讲授法、练习法
(2) 重点与难点：模拟软件功能</td><td rowspan="4">6</td></tr>
<tr><td>2) 干涉检查</td></tr>
<tr><td>3) 形状检查</td></tr>
<tr><td>4) 程序优化</td></tr>
<tr><td rowspan="12">3. 零件加工</td><td rowspan="12">3-1 轮廓加工</td><td rowspan="5">(1) 多拐曲轴车削加工</td><td>1) 曲轴装夹找正</td><td rowspan="5">(1) 方法：练习法
(2) 重点：曲轴的加工
(3) 难点：曲轴装夹找正</td><td rowspan="5">12</td></tr>
<tr><td>2) 配重安装</td></tr>
<tr><td>3) 切削参数调整</td></tr>
<tr><td>4) 曲轴的加工</td></tr>
<tr><td>5) 在线精度检测</td></tr>
<tr><td rowspan="4">(2) 车削加工中心操作</td><td>1) 工件坐标系建立</td><td rowspan="4">(1) 方法：演示法、练习法
(2) 重点与难点：工件坐标系建立，刀具参数设置</td><td rowspan="4">8</td></tr>
<tr><td>2) 刀具参数设置</td></tr>
<tr><td>3) 中断与重启</td></tr>
<tr><td>4) 行程与干涉检查</td></tr>
<tr><td rowspan="3">(3) 车铣复合加工试切调试</td><td>1) 车削程序调试</td><td rowspan="3">(1) 方法：演示法、练习法
(2) 重点与难点：程序调试</td><td rowspan="3">10</td></tr>
<tr><td>2) 钻削程序调试</td></tr>
<tr><td>3) 铣削程序调试</td></tr>
</table>

续表

模块	课程	学习单元	课程内容	培训建议	课堂学时
3．零件加工	3-2　配合件加工	（1）配合精度控制方法	1）配合加工种类及特征	（1）方法：讨论法、案例教学、练习法 （2）难点：多尺寸链配合精度控制方法	6
			2）影响配合精度的因素		
			3）配合精度控制方法		
		（2）多尺寸链配合件加工与精度控制	1）锥度配合精度控制	（1）方法：讨论法、案例教学法、练习法 （2）难点：各种配合结构精度控制	10
			2）曲面配合精度控制		
			3）轴向配合尺寸控制		
			4）螺纹配合尺寸控制		
	3-3　零件精度检验	（1）加工误差分析	1）轴向尺寸误差原因分析与改进措施	（1）方法：讨论法、案例教学法 （2）重点与难点：几何误差原因分析与改进措施	8
			2）径向尺寸误差原因分析与改进措施		
			3）形状误差原因分析与改进措施		
			4）位置误差原因分析与改进措施		
4．数控车床维护与精度检验	4-1　数控车床维护	（1）数控车床机械与液压系统一般故障排除	1）数控车床机械系统一般故障的排除	（1）方法：讲授法、案例教学法 （2）重点与难点：机械系统故障判断，液压工作原理图分析	2
			2）数控车床液压系统一般故障的排除		
		（2）数控车床气压与冷却系统一般故障排除	1）数控车床气压系统一般故障的排除	（1）方法：讲授法、案例分析法 （2）重点与难点：气压和冷却系统故障判断与排除	2
			2）数控车床冷却系统一般故障的排除		

续表

模块	课程	学习单元	课程内容	培训建议	课堂学时
4．数控车床维护与精度检验	4-1 数控车床维护	（3）数控车床控制和电气系统一般故障排除	1）数控车床控制系统一般故障的排除	（1）方法：讲授法、案例分析法 （2）重点与难点：控制和电气系统故障判断与排除	2
			2）数控车床电气系统一般故障的排除		
		（4）数控车床刀架一般故障排除	1）数控车床刀架一般故障的排除	（1）方法：讲授法、案例教学法 （2）重点与难点：刀架故障判断与排除	2
	4-2 精度检验	（1）机床定位精度、重复定位精度检验	1）激光干涉仪的使用方法	（1）方法：讲授法、演示法、练习法 （2）重点与难点：定位精度与重复定位精度原理及检测方法	6
			2）定位精度与重复定位精度原理		
			3）定位精度与重复定位精度检测		
		（2）机床动态精度验收	1）机床动态特性的基本原理	（1）方法：讲授法、演示法、练习法 （2）重点与难点：机床动态精度检测原理及检测方法	4
			2）机床动态精度验收		
5．培训与管理	5-1 操作指导	（1）操作技能指导	1）操作演示方法	（1）方法：讲授法、讨论法、观摩法 （2）重点与难点：操作指导书编制	4
			2）数控车床操作中级、高级技能评价		
	5-2 理论培训	（1）理论培训	1）培训方案制订	（1）方法：讲授法、讨论法、观摩法 （2）重点：培训方案制订	2
			2）理论知识讲解		
			3）培训现场组织		
			4）培训效果评价		
	5-3 质量管理	（1）贯彻质量标准	1）班组生产质量检测标准制订	（1）方法：讲授法、讨论法、观摩法 （2）重点与难点：班组生产质量提升方案制订	2
			2）个人生产质量提升方案制订		

续表

<table>
<tr><th>模块</th><th>课程</th><th>学习单元</th><th>课程内容</th><th>培训建议</th><th>课堂学时</th></tr>
<tr><td rowspan="6">5. 培训与管理</td><td rowspan="3">5-4 生产管理</td><td rowspan="3">（1）班组管理</td><td>1）班组生产计划制订</td><td rowspan="3">（1）方法：讲授法、讨论法
（2）重点与难点：班组生产质量控制</td><td rowspan="3">2</td></tr>
<tr><td>2）班组生产组织</td></tr>
<tr><td>3）班组生产质量控制</td></tr>
<tr><td rowspan="3">5-5 技术改造与创新</td><td rowspan="3">（1）技术革新</td><td>1）加工工艺改进方案制订</td><td rowspan="3">（1）方法：讲授法、讨论法
（2）重点与难点：加工工艺改进方案制订、刀具改进设计方案制订</td><td rowspan="3">4</td></tr>
<tr><td>2）夹具改进设计方案制订</td></tr>
<tr><td>3）刀具改进设计方案制订</td></tr>
<tr><td colspan="5">课堂学时合计</td><td>200</td></tr>
</table>

2.2.5 高级技师职业技能培训课程规范

<table>
<tr><th>模块</th><th>课程</th><th>学习单元</th><th>课程内容</th><th>培训建议</th><th>课堂学时</th></tr>
<tr><td rowspan="6">1. 工艺分析与设计</td><td rowspan="6">1-1 读图与绘图</td><td rowspan="2">（1）自动化复杂工装装配图识读与分析</td><td>1）自动化多工位工装结构分析</td><td rowspan="2">（1）方法：讲授法、讨论法、演示法
（2）重点与难点：复杂工装装配图识读、功能分析及设计方法</td><td rowspan="2">10</td></tr>
<tr><td>2）快速夹紧工装设计方法</td></tr>
<tr><td rowspan="2">（2）复杂工装装配图绘制</td><td>1）工装零件CAD三维造型与装配</td><td rowspan="2">（1）方法：练习法
（2）重点与难点：复杂工装装配图绘制</td><td rowspan="2">10</td></tr>
<tr><td>2）快速夹紧工装装配图绘制</td></tr>
<tr><td rowspan="2">（3）数控车床电气原理图识读</td><td>1）电气原理图的组成</td><td rowspan="2">（1）方法：讲授法、练习法
（2）重点与难点：电气原理图识读</td><td rowspan="2">6</td></tr>
<tr><td>2）常用数控车床电气原理图识读</td></tr>
</table>

续表

模块	课程	学习单元	课程内容	培训建议	课堂学时
1．工艺分析与设计	1-1　读图与绘图	(4) 数控车床液压原理图识读	1）液压原理图的组成 2）常用数控车床液压原理图识读	(1) 方法：讲授法、练习法 (2) 重点与难点：液压原理图识读	6
	1-2　制定加工工艺	(1) 典型工艺问题的优化方法	1）典型加工瓶颈案例分析 2）效率提升方案的制订	(1) 方法：讲授法、讨论法、案例教学法 (2) 重点与难点：工艺问题分析、优化方法	6
		(2) 难加工零件的数控车床加工工艺优化	1）难加工材料的加工技术 2）典型难加工结构的加工方法	(1) 方法：讲授法、讨论法、演示法 (2) 重点与难点：工艺优化方法	10
		(3) 高精密零件的数控加工精度保证	1）精密零件精度检验方法 2）尺寸和几何公差控制方法	(1) 方法：讲授法、演示法、练习法 (2) 重点与难点：加工精度检测与控制方法	10
		(4) 车削中心数控加工工艺文件编制	1）机床性能与适用零件解析 2）车削中心加工工艺文件编制方法 3）典型零件加工方案制订	(1) 方法：讲授法、练习法、讨论法 (2) 重点与难点：加工工艺方案制订	10
		(5) 车铣中心数控加工工艺文件编制	1）机床性能与适用零件解析 2）车铣中心加工工艺特点与计算机辅助编程加工（CAM） 3）典型零件加工方案制订	(1) 方法：讲授法、练习法 (2) 重点与难点：加工工艺方案制订	10

续表

<table>
<tr><th>模块</th><th>课程</th><th>学习单元</th><th>课程内容</th><th>培训建议</th><th>课堂学时</th></tr>
<tr><td rowspan="4">1. 工艺分析与设计</td><td>1-3 零件定位与装夹</td><td>（1）数控车床专用夹具优化</td><td>1）夹具优化的思路和方法</td><td>（1）方法：讲授法、讨论法、演示法
（2）重点与难点：工装设计方法</td><td>10</td></tr>
<tr><td rowspan="3">1-4 刀具准备</td><td rowspan="3">（1）刀具设计与制造方法</td><td>1）成型刀具设计</td><td rowspan="3">（1）方法：讲授法、讨论法、演示法
（2）重点：刀具的选择
（3）难点：刀具几何参数确定</td><td rowspan="3">10</td></tr>
<tr><td>2）专用刀具设计</td></tr>
<tr><td>3）刀具制造知识
①刀具材料选择
②刀具几何参数</td></tr>
<tr><td rowspan="5">2. 零件加工</td><td rowspan="4">2-1 异形零件加工</td><td rowspan="2">（1）异形零件加工方法</td><td>1）加工难点分析方法</td><td rowspan="2">（1）方法：讲授法、讨论法、练习法
（2）重点：加工工艺方案制订
（3）难点：异形零件装夹与加工</td><td rowspan="2">20</td></tr>
<tr><td>2）异形零件数控车床加工难点分析与处理
①十字座类零件的加工
②连杆类零件加工
③叉架类零件加工
④特种螺纹加工</td></tr>
<tr><td rowspan="2">（2）CAM辅助编程与夹具优化</td><td>1）复杂零件加工策略</td><td rowspan="2">（1）方法：讲授法、讨论法、练习法
（2）重点：辅助编程与夹具优化
（3）难点：夹具优化</td><td rowspan="2">16</td></tr>
<tr><td>2）CAM辅助编程与夹具优化</td></tr>
<tr><td>2-2 零件精度检验</td><td>（1）高难度零件在线精度检验方法选择与设计</td><td>1）自动化检测设备与技术</td><td>（1）方法：讲授法、讨论法、练习法
（2）重点与难点：在线精度检验方法选择与实施</td><td>16</td></tr>
</table>

续表

模块	课程	学习单元	课程内容	培训建议	课堂学时
2．零件加工	2–2 零件精度检验	（1）高难度零件在线精度检验方法选择与设计	2）检具设计知识		
			3）影响加工精度的因素与精度提高措施		
3．数控车床维护与精度检验	3–1 数控车床维修	（1）数控车床原厂外文技术资料查阅与整理	1）数控车床专业外文知识	（1）方法：讲授法、练习法 （2）重点与难点：专业词汇、检索方法	4
			2）外文技术资料的检索方法		
		（2）数控车床系统参数调整与数据维护	1）数控系统参数信息表	（1）方法：讲授法、演示法、练习法 （2）重点与难点：数控系统参数功能	4
			2）调整数控系统授权参数		
	3–2 数控车床故障诊断和排除	（1）根据电路图分析机床故障并提出维修方法	1）根据电路图分析机床故障，提出维修方法	（1）方法：讲授法、练习法 （2）重点与难点：根据电路图进行机床故障分析	2
		（2）可编程逻辑控制器使用方法	1）PLC 基本知识	（1）方法：讲授法、练习法 （2）重点与难点：PLC 梯形图识读	4
			2）PLC 梯形图的识读		
		（3）利用 PLC 梯形图分析机床故障并提出维修方案	1）利用 PLC 梯形图分析机床故障，提出维修方案	（1）方法：讲授法、练习法 （2）重点与难点：利用 PLC 梯形图进行机床故障分析	2
	3–3 机床精度检验	（1）误差统计和计算方法	1）误差统计和计算方法	（1）方法：演示法、讲授法、练习法 （2）重点与难点：误差统计和计算方法	4
			2）数控系统中机床误差的补偿方法		
		（2）利用激光干涉仪进行数控车床精度检验与调整	1）机床定位精度检验与补偿	（1）方法：演示法、讲授法、练习法 （2）重点与难点：误差分析、精度调整	4
			2）机床重复定位精度检验与补偿		

续表

模块	课程	学习单元	课程内容	培训建议	课堂学时
3．数控车床维护与精度检验	3–4 数控设备网络化	(1) 数控设备、软件的联网运行	1）计算机硬件和软件的相关知识	(1) 方法：讲授法、演示法、练习法 (2) 重点：网络化设备特性与操作方法	2
			2）网络化加工知识		
4．培训与管理	4–1 操作指导	(1) 实训指导文件的编写	1）实训教学指导书的编写方法	(1) 方法：讲授法、讨论法、练习法、观摩法 (2) 难点：指导方法运用	2
	4–2 理论培训	(1) 理论课程教学文件的编制	1）教学计划与大纲的编制方法	(1) 方法：讲授法、讨论法、练习法 (2) 难点：授课方法与技巧	4
			2）教案的编写要求和方法		
			3）教学组织方法		
	4–3 质量管理	(1) 加工过程质量分析与控制	1）质量分析方法	(1) 方法：讲授法、讨论法 (2) 重点与难点：质量控制方法	4
			2）质量控制方法		
			3）国际质量体系认证知识		
		(2) 质量保障制度的制定与实施	1）操作规程、质量控制规程的制定	(1) 方法：讲授法、练习法 (2) 重点与难点：质量保证相关文件制定	4
			2）生产质量责任制的制定与落实		
	4–4 技术改造与创新	(1) 创新意识培养	1）创新意识培养方法	(1) 方法：讲授法、讨论法 (2) 重点：创新意识培养	2
		(2) 撰写科技论文	1）科技论文撰写方法	(1) 方法：讲授法、练习法 (2) 重点与难点：科技论文撰写方法、体例要求	8
			2）撰写科技论文		
课堂学时合计					200

2.2.6 培训建议中培训方法说明

1．讲授法

指教师主要运用语言方式，系统地向学员传授知识，传播思想观念。即教师通过叙述、描绘、解释、推论来传递信息、传授知识、阐明概念、论证定律和公式，引导学员获取知识，分析和认识问题。

2．讨论法

指在教师的指导下，学员以全班或小组为单位，围绕学习单元的内容，对某一专题进行深入探讨，通过讨论或辩论活动，获得知识或巩固知识的一种教学方法，要求教师在讨论结束时对讨论的主题做归纳性总结。

3．练习法

指学员在教师的指导下，依靠自觉地控制与校正、反复地完成一定动作或活动的方式，以形成技能、技巧或行为习惯的教学方法。练习法对于巩固知识，引导学员把知识应用于实际、发展能力以及形成道德品质等具有重要作用。

4．参观法

指教师组织或指导学员进行实地观察、调查、研究和学习，使学员获得新知识或巩固已学知识的教学方法。参观教学法可分为准备性参观、并行性参观、总结性参观等。

5．演示法

指在教学过程中，教师通过示范操作和讲解使学员获得知识、技能的教学方法。教学中，教师对操作内容进行现场演示，边操作，边讲解，强调操作的关键步骤和注意事项，学员边学边做，理论与技能并重，师生互动，提高学生的学习兴趣和学习效率。

6．案例教学法

指通过案例的分析，提出问题，分析问题，并找到解决问题的途径和手段，培养学员分析问题、独立处理问题的能力。

7．项目教学法

指以实际应用为目的，将理论知识与实际工作相结合，通过师生共同完成一个完整的“项目”工作，使学员获得知识和实践操作能力与解决实际问题能力的教学方法。其实施以小组为学习单位，步骤一般可分为确定项目任务、计划、决策、实施、检查和评价 6 个步骤。强调学员在学习过程中的主体地位，以学员为中心，以学员学习为主、教师指导为辅，通过完成教学的项目，激发学习积极性，使学员既掌握相关理论知识，又掌握实践技能和工作方法，提高解决实际问题的综合能力。

8．实物示教法

指教师通过实物的操作演示或对学员实物操作演示的评价，实现对学员技能操作步骤和要领掌握情况的检查、纠错、修正，并演示正确的操作方法的一种教学方法。

9．观摩法

主要指让学员通过现场观摩、观看视频等形式，学习、获取知识、技能的一种教学方法。

2.3 考核规范

2.3.1 职业基本素质培训考核规范

<table>
<tr><th>考核范围</th><th>考核比重%</th><th>考核内容</th><th>考核比重%</th><th>考核单元</th></tr>
<tr><td rowspan="3">1．职业道德</td><td rowspan="3">5</td><td>1-1　职业认知</td><td>1</td><td>（1）数控车工的工作内容</td></tr>
<tr><td>1-2　职业道德基本知识</td><td>2</td><td>（1）道德与职业道德</td></tr>
<tr><td>1-3　职业守则</td><td>2</td><td>（1）数控车工职业守则</td></tr>
<tr><td rowspan="8">2．基础理论知识</td><td rowspan="8">30</td><td rowspan="3">2-1　机械制图</td><td rowspan="3">10</td><td>（1）识图与制图基础知识</td></tr>
<tr><td>（2）公差与配合</td></tr>
<tr><td>（3）标注与尺寸链</td></tr>
<tr><td rowspan="5">2-2　工程材料及金属热处理知识</td><td rowspan="5">10</td><td>（1）金属材料的性能</td></tr>
<tr><td>（2）钢铁材料及其性能</td></tr>
<tr><td>（3）钢铁材料的热处理</td></tr>
<tr><td>（4）常用有色金属的性能及热处理</td></tr>
<tr><td>（5）常用非金属工程材料</td></tr>
</table>

续表

考核范围	考核比重%	考核内容	考核比重%	考核单元
2．基础理论知识	30	2-3　机电控制知识	5	（1）机床常用电气元件的结构和原理
				（2）电动机的基本知识
				（3）数控机床常用检测元件
				（4）液压传动基本知识
				（5）气压传动基本知识
		2-4　计算机基础知识	3	（1）数制和数制之间的转换
				（2）编码
				（3）二进制数的运算
				（4）微型计算机系统
		2-5　专业英语基础	2	（1）数控加工专业英语词汇英汉对照
3．机械加工基础知识	40	3-1　机械原理	2	（1）机械传动基础知识
				（2）简单机械零件
		3-2　常用设备知识（分类、用途、基本结构及维护保养方法）	5	（1）机床的类型及基本构造
				（2）金属切削机床定期维护保养规范
		3-3　常用金属切削刀具知识	8	（1）刀具材料
				（2）刀具的几何角度对切削性能的影响
				（3）常用刀具
				（4）切削基础知识
		3-4　典型零件加工工艺	10	（1）轴类零件的工艺过程
				（2）盘类零件的工艺过程
				（3）套类零件的工艺过程

续表

考核范围	考核比重%	考核内容	考核比重%	考核单元
3．机械加工基础知识	40	3-5　设备润滑和冷却液的使用方法	3	（1）润滑剂及其使用
				（2）切削液及其使用
		3-6　工具、夹具、量具的使用与维护知识	7	（1）常用工具及其使用
				（2）常用夹具及其使用与维护
				（3）常用量具及其使用与维护
				（4）常用测量仪器认知
		3-7　普通车床、钳工基本操作知识	5	（1）划线操作知识
				（2）钳工錾削、锯削、锉削操作知识
				（3）钳工孔加工知识
				（4）普通车床基础知识与基本操作
4．安全文明生产与环境保护知识	10	4-1　安全操作与劳动保护知识	5	（1）安全管理基础知识
				（2）作业现场的基本安全知识
				（3）电气安全知识
				（4）机械安全基础知识
				（5）防火防爆安全知识
		4-2　文明生产知识	3	（1）文明生产管理制度
				（2）现场5S管理
		4-3　环境保护知识	2	（1）机械加工与环境保护知识
5．质量管理知识	10	5-1　企业的质量方针	2	（1）企业的质量方针
		5-2　岗位质量要求	3	（1）质量管理的工作内容
		5-3　岗位质量保证措施与责任	5	（1）生产过程中的质量管理

续表

考核范围	考核比重%	考核内容	考核比重%	考核单元
6. 相关法律、法规知识	5	6-1 相关法律、法规知识	5	(1) 劳动法相关知识
				(2) 环境保护法相关知识
				(3) 知识产权保护法相关知识
				(4) 安全生产相关法律法规知识
	100		100	

2.3.2 中级职业技能培训理论知识考核规范

考核范围	考核比重%	考核内容	考核比重%	考核单元
1. 加工准备	20	1-1 读图与绘图	5	(1) 复杂零件的表达方法
				(2) 零件图的识图方法
				(3) 简单零件图的画法
				(4) 装配图的识读内容
				(5) 进给机构、主轴系统的装配图识读
		1-2 制定加工工艺	5	(1) 数控加工工艺基础
				(2) 典型零件的加工工艺文件识读
				(3) 简单轴零件的数控车床加工工艺文件编制
				(4) 简单盘零件的数控车床加工工艺文件编制
		1-3 零件定位与装夹	5	(1) 定位与夹紧的原理和方法
				(2) 数控车床常用夹具的使用
		1-4 刀具准备	5	(1) 数控车床常用刀具的种类、结构和特点
				(2) 数控车床常用刀具的选择、安装与调整
				(3) 外圆车刀刃磨
				(4) 切槽车刀刃磨

续表

考核范围	考核比重%	考核内容	考核比重%	考核单元
2．数控编程	25	2-1　手工编程	12	（1）数控机床编程知识
				（2）数控车床编程基础
				（3）插补原理
				（4）直线、圆弧组成的二维轮廓手工编程
				（5）螺纹参数的计算
				（6）简单圆柱螺纹零件加工程序编写
				（7）简单圆锥螺纹零件加工程序编写
				（8）运用固定循环编程
				（9）运用子程序编程
		2-2　计算机辅助编程	8	（1）计算机二维绘图（CAXA 数控车）
				（2）计算机辅助节点计算
		2-3　数控加工仿真	5	（1）数控加工过程仿真
				（2）数控加工代码检查
				（3）数控加工干涉检查
3．数控车床操作	20	3-1　操作面板	3	（1）数控车床开关机、面板基本操作
		3-2　程序输入与编辑	2	（1）程序输入的步骤及要点
		3-3　对刀	5	（1）对刀的原理、方法与选择
		3-4　程序调试与运行	10	（1）程序的检查校验、零件试切操作步骤与要点
4．零件加工	30	4-1　零件精度检验	10	（1）通用量具的使用
				（2）尺寸精度的检测
				（3）车削中常见几何精度的检验
				（4）零件交检制度
		4-2　轮廓加工	5	（1）简单轴类、套类零件加工
				（2）简单盘类、支架类零件加工

续表

考核范围	考核比重%	考核内容	考核比重%	考核单元
4．零件加工	30	4–3　螺纹加工	5	（1）单线等节距普通三角形外螺纹加工
				（2）单线等节距普通三角形内螺纹加工
		4–4　槽类加工	5	（1）内径槽加工
				（2）外径槽加工
				（3）端面槽加工
		4–5　孔加工	5	（1）孔加工方法选择与操作要点
5．数控车床维护与精度检验	5	5–1　数控车床日常维护	3	（1）数控车床操作规程
				（2）数控车床日常保养
		5–2　数控车床故障诊断	1	（1）数控系统报警信息及其处理
				（2）数控车床常见故障诊断与排除
		5–3　数控车床精度检查	1	（1）数控车床精度检查
	100		100	

2.3.3　中级职业技能培训操作技能考核规范

考核范围	考核比重%	考核内容	考核比重%	考核形式	选考方式	考核时间	重要程度
1．加工准备	10	1–1　读图与绘图	4	笔试＋口试	必考	90	X
		1–2　制定加工工艺	2				X
		1–3　零件定位与装夹	2				X
		1–4　刀具准备	2				X

续表

考核范围	考核比重%	考核内容	考核比重%	考核形式	选考方式	考核时间	重要程度
2. 数控编程	20	2-1 手工编程	9	实操	必考	90	X
		2-2 计算机辅助编程	6				X
		2-3 数控加工仿真	5				X
3. 数控车床操作	5	3-1 操作面板	1		必考	90	X
		3-2 程序输入与编辑	1				X
		3-3 对刀	1				X
		3-4 程序调试与运行	2				Y
4. 零件加工	60	4-1 零件精度检验	20		必考	180	X
		4-2 轮廓加工	10				X
		4-3 螺纹加工	10				Y
		4-4 槽类加工	10				Y
		4-5 孔加工	10				Y
5. 数控车床维护与精度检验	5	5-1 数控车床日常维护	2	笔试＋口试	必考	60	Y
		5-2 数控车床故障诊断	2				Y
		5-3 数控车床精度检查	1				Y
	100		100				

2.3.4 高级职业技能培训理论知识考核规范

考核范围	考核比重%	考核内容	考核比重%	考核单元
1. 加工准备	25	1-1 读图与绘图	7	(1) 平口钳装配图识读
				(2) 普通四方刀架装配图识读
				(3) 平口钳装配图拆画零件图
				(4) 机床主轴测绘
		1-2 制定加工工艺	10	(1) 工艺尺寸链计算
				(2) 复杂轴类零件的加工工艺文件编制
				(3) 配合零件的加工工艺文件编制
		1-3 零件定位与装夹	4	(1) 数控车床组合夹具的选用
				(2) 数控车床专用夹具的调整与使用
				(3) 车床夹具的定位误差分析与计算
				(4) 装夹辅具的设计
				(5) 装夹辅具的自制
		1-4 刀具准备	4	(1) 车削刀具附件选择
				(2) 难加工材料的刀具选择
				(3) 刃磨特殊车削刀具
2. 数控编程	20	2-1 手工编程	8	(1) 变量编程基础知识
				(2) 二次曲线的数学表达
				(3) 含二次曲线的零件变量编程
		2-2 计算机辅助编程	8	(1) 平口钳装配图绘制
				(2) 简单自动编程
		2-3 数控加工仿真	4	(1) 多轴加工过程仿真
				(2) 数控加工工时估算

续表

考核范围	考核比重%	考核内容	考核比重%	考核单元
3．零件加工	45	3-1　轮廓加工	8	（1）细长轴零件车削加工
				（2）薄壁零件车削加工
		3-2　螺纹加工	8	（1）单线等节距 T 形螺纹加工
				（2）多线等节距 T 形螺纹加工
				（3）单线等节距锥螺纹加工
				（4）多线等节距锥螺纹加工
				（5）变节距螺纹加工
		3-3　孔加工	13	（1）深孔类零件加工
		3-4　配合件加工	10	（1）轴套配合件加工
				（2）锥度配合件加工
				（3）曲面配合件加工
		3-5　零件精度检验	6	（1）在线测量及参数调整
				（2）多线螺纹精度检验
				（3）加工误差分析
4．数控车床维护与精度检验	10	4-1　数控车床日常维护	2	（1）制定数控车床的日常维护规程
				（2）监督检查数控车床的日常维护状况
		4-2　数控车床故障诊断	4	（1）数控车床机械系统一般故障诊断
				（2）数控车床液压系统一般故障诊断
				（3）数控车床气压系统一般故障诊断
				（4）数控车床冷却系统一般故障诊断
				（5）数控车床控制系统一般故障诊断
				（6）数控车床电气系统一般故障诊断
				（7）数控车床刀架一般故障诊断
		4-3　机床精度检验	4	（1）机床几何精度检验
				（2）数控车床切削精度检验
	100		100	

2.3.5 高级职业技能培训操作技能考核规范

考核范围	考核比重%	考核内容	考核比重%	考核形式	选考方式	考核时间	重要程度
1．加工准备	25	1-1 读图与绘图	7	笔试＋口试	必考	90	X
		1-2 制定加工工艺	10		必考		X
		1-3 零件定位与装夹	4		必考		X
		1-4 刀具准备	4		必考		X
2．数控编程	20	2-1 手工编程	8	笔试	必考	90	X
		2-2 计算机辅助编程	8	实操	必考		X
		2-3 数控加工仿真	4	实操	必考		X
3．零件加工	45	3-1 轮廓加工	8	实操	必考	240	X
		3-2 螺纹加工	8		必考		X
		3-3 孔加工	13		必考		X
		3-4 配合件加工	10		必考		X
		3-5 零件精度检验	6		必考		X
4．数控车床维护与精度检验	10	4-1 数控车床日常维护	2	笔试＋口试	必考	90	X
		4-2 数控车床故障诊断	4		必考		Y
		4-3 机床精度检验	4		必考		Y
	100		100				

2.3.6 技师职业技能培训理论知识考核规范

考核范围	考核比重%	考核内容	考核比重%	考核单元
1．加工准备	40	1–1 读图与绘图	8	（1）通用夹具装配图绘制方法
				（2）专用夹具装配图绘制方法
				（3）常用数控车床机械结构图识读
				（4）数控车床典型机构装配图识读
		1–2 制定加工工艺	16	（1）高难度零件数控加工工艺文件编制
				（2）高精密零件数控加工工艺文件编制
				（3）特殊材料零件数控加工工艺文件编制
				（4）轴套类零件加工工艺改进建议书编制
				（5）数控加工新知识
				（6）数控加工新技术
				（7）数控加工新工艺
				（8）新材料应用
		1–3 零件定位与装夹	8	（1）轴套类零件专用夹具设计与制作
				（2）盘类零件专用夹具的设计与制作
		1–4 刀具准备	8	（1）金属去除率计算
				（2）刀具寿命估算
				（3）刀具寿命管理参数应用
				（4）新型刀具应用
2．数控编程	15	2–1 手工编程	6	（1）分度孔加工程序编制
				（2）端面方形铣削程序编制
				（3）外圆柱面凸轮槽车铣加工程序编制

续表

<table>
<tr><th>考核范围</th><th>考核比重%</th><th>考核内容</th><th>考核比重%</th><th>考核单元</th></tr>
<tr><td rowspan="5">2．数控编程</td><td rowspan="5">15</td><td rowspan="4">2–2　计算机辅助编程</td><td rowspan="4">5</td><td>（1）车削零件造型</td></tr>
<tr><td>（2）车削加工轨迹生成</td></tr>
<tr><td>（3）后置参数设置</td></tr>
<tr><td>（4）程序生成及校验</td></tr>
<tr><td>2–3　数控加工仿真</td><td>4</td><td>（1）加工过程仿真及优化</td></tr>
<tr><td rowspan="5">3．零件加工</td><td rowspan="5">25</td><td rowspan="2">3–1　轮廓加工</td><td rowspan="2">6</td><td>（1）多拐曲轴加工</td></tr>
<tr><td>（2）车铣复合机床加工零件特点与工艺</td></tr>
<tr><td rowspan="2">3–2　配合件加工</td><td rowspan="2">5</td><td>（1）多尺寸链配合精度控制方法</td></tr>
<tr><td>（2）多尺寸链配合件加工与精度控制</td></tr>
<tr><td>3–3　零件精度检验</td><td>4</td><td>（1）加工误差分析与改进方法</td></tr>
<tr><td rowspan="9">4．数控车床维护与精度检验</td><td rowspan="9">10</td><td rowspan="7">4–1　数控车床维护</td><td rowspan="7">5</td><td>（1）数控车床机械系统一般故障排除</td></tr>
<tr><td>（2）数控车床液压系统一般故障排除</td></tr>
<tr><td>（3）数控车床气压系统一般故障排除</td></tr>
<tr><td>（4）数控车床冷却系统一般故障排除</td></tr>
<tr><td>（5）数控车床控制系统一般故障排除</td></tr>
<tr><td>（6）数控车床电气系统一般故障排除</td></tr>
<tr><td>（7）数控车床刀架一般故障排除</td></tr>
<tr><td rowspan="2">4–2　机床精度检验</td><td rowspan="2">5</td><td>（1）机床定位精度、重复定位精度检验</td></tr>
<tr><td>（2）机床动态精度验收</td></tr>
<tr><td rowspan="5">5．培训与管理</td><td rowspan="5">10</td><td>5–1　操作指导</td><td>2</td><td>（1）操作技能指导方法</td></tr>
<tr><td>5–2　理论培训</td><td>2</td><td>（1）理论培训授课方法</td></tr>
<tr><td>5–3　质量管理</td><td>2</td><td>（1）贯彻质量标准</td></tr>
<tr><td>5–4　生产管理</td><td>2</td><td>（1）生产班组管理内容和方法</td></tr>
<tr><td>5–5　技术改造与创新</td><td>2</td><td>（1）加工工艺、夹具、刀具改进</td></tr>
<tr><td></td><td>100</td><td></td><td>100</td><td></td></tr>
</table>

2.3.7 技师职业技能培训操作技能考核规范

考核范围	考核比重%	考核内容	考核比重%	考核形式	选考方式	考核时间	重要程度
1．加工准备	20	1-1 读图与绘图	4	笔试	必考	90	X
		1-2 制定加工工艺	8		必考		X
		1-3 零件定位与装夹	4		必考		X
		1-4 刀具准备	4		必考		X
2．数控编程	30	2-1 手工编程	15	实操	必考	100	X
		2-2 计算机辅助编程	10		必考		X
		2-3 数控加工仿真	5		必考		X
3．零件加工	40	3-1 轮廓加工	8	实操	必考	200	X
		3-2 槽类加工	8		必考		X
		3-3 螺纹加工	8		必考		X
		3-4 配合件加工	10		必考		X
		3-5 零件精度检验	6		必考		X
4．数控车床维护与精度检验	5	4-1 数控车床维护	2	实操	必考	45	X
		4-2 精度检验	3		必考		X
5．培训与管理	5	5-1 操作指导	1	口试	必考	45	X
		5-2 理论培训	1		选考		Y
		5-3 质量管理	1		选考		Y
		5-4 生产管理	1		选考		Y
		5-5 技术改造与创新	1		选考		Y
	100		100				

2.3.8　高级技师职业技能培训理论知识考核规范

考核范围	考核比重%	考核内容	考核比重%	考核单元
1．工艺分析与设计	50	1-1　读图与绘图	10	（1）快速夹紧工装装配图绘制
				（2）数控车床电气系统原理图识读
				（3）数控车床液压系统原理图识读
		1-2　制定加工工艺	20	（1）难加工零件的加工工艺优化
				（2）高精密零件的加工精度保证方法
				（3）车削中心加工工艺文件编制
				（4）车铣中心加工工艺文件编制
		1-3　零件定位与装夹	10	（1）数控车床专用夹具优化
		1-4　刀具准备	10	（1）刀具设计知识
				（2）刀具制造知识
2．零件加工	25	2-1　异型零件加工	15	（1）加工难点分析方法
				（2）异形零件加工工艺措施
				（3）复杂零件加工策略
		2-2　零件精度检验	10	（1）精密零件精度检验方法
				（2）检具设计知识
3．数控车床维护与精度检验	10	3-1　数控车床维修	2	（1）数控车床专业外文知识
				（2）数控车床系统参数表
		3-2　数控车床故障诊断和排除	2	（1）数控车床常见故障诊断与排除方法
				（2）可编程逻辑控制器使用方法
		3-3　机床精度检验	4	（1）误差统计和计算方法
				（2）机床定位精度检验与补偿
				（3）机床重复定位精度检验与补偿
		3-4　数控设备网络化	2	（1）数控设备网络化知识

续表

考核范围	考核比重%	考核内容	考核比重%	考核单元
4．培训与管理	15	4-1　操作指导	5	(1) 实训教学指导书的编写方法
		4-2　理论培训	3	(1) 教学计划与大纲编制方法
		4-3　质量管理	3	(1) 质量分析方法
				(2) 质量控制方法
		4-4　技术改造与创新	4	(1) 科技论文撰写方法
	100		100	

2.3.9　高级技师职业技能培训操作技能考核规范

考核范围	考核比重%	考核内容	考核比重%	考核形式	选考方式	考核时间	重要程度
1．工艺分析与设计	35	1-1　读图与绘图	8	笔试	必考	90	X
		1-2　制定加工工艺	10				X
		1 3　零件定位与装夹	10				X
		1-4　刀具准备	7				X
2．零件加工	45	2-1　异型零件及复杂组合件加工	35	实操	必考	240	X
		2-2　零件精度检测	10				X
3．数控车床维护与精度检验	10	3-1　数控车床维修	1		必考	90	X
		3-2　数控车床故障诊断与排除	4				
		3-3　机床精度检验	3				X
		3-4　数控设备联网运行	2		选考		Y
4．培训与管理	10	4-1　操作指导	10	口试	选考	60	X
		4-2　理论培训					X
		4-3　质量管理					Y
		4-4　科技论文摘要撰写		笔试			X
	100		100				

附录

培训要求与课程规范对照表

附录 1 职业基本素质培训要求与课程规范对照表

<table>
<tr><th colspan="3">2.1.1 职业基本素质培训要求</th><th colspan="4">2.2.1 职业基本素质培训课程规范</th></tr>
<tr><th>职业基本素质模块（模块）</th><th>培训内容（课程）</th><th>培训细目</th><th>学习单元</th><th>课程内容</th><th>培训建议</th><th>课堂学时</th></tr>
<tr><td rowspan="15">1. 职业道德</td><td rowspan="3">1-1 职业认知</td><td rowspan="3">（1）数控车工简介
（2）数控车工的工作内容</td><td rowspan="3">（1）职业认知</td><td>1）数控车工的工作内容</td><td rowspan="3">（1）方法：讲授法、观摩法
（2）重点与难点：数控车工的工作内容</td><td rowspan="3">1</td></tr>
<tr><td>2）车削加工的发展</td></tr>
<tr><td>3）数控车工职业资格要求</td></tr>
<tr><td rowspan="6">1-2 职业道德基本知识</td><td rowspan="6">（1）道德的内涵
（2）职业道德的特征
（3）职业道德与发展的关系
（4）数控车工职业道德规范</td><td rowspan="6">（1）道德与职业道德</td><td>1）道德的内涵</td><td rowspan="6">（1）方法：讲授法、案例教学法、观摩法
（2）重点：职业道德与发展的关系
（3）难点：对职业道德与发展关系的理解</td><td rowspan="6">2</td></tr>
<tr><td>2）职业道德</td></tr>
<tr><td>3）工匠精神的内涵</td></tr>
<tr><td>4）社会主义市场经济与职业道德的发展</td></tr>
<tr><td>5）职业道德与个人的发展</td></tr>
<tr><td>6）职业道德与企业的发展</td></tr>
<tr><td rowspan="6">1-3 职业守则</td><td rowspan="6">（1）职业守则</td><td rowspan="6">（1）数控车工职业守则</td><td>1）遵守国家法律、法规和有关规定</td><td rowspan="6">（1）方法：讲授法、案例教学法
（2）重点与难点：数控车工的职业守则</td><td rowspan="6">1</td></tr>
<tr><td>2）具有高度的责任心，爱岗敬业、团结合作</td></tr>
<tr><td>3）严格执行相关标准、工作程序与规范、工艺文件和安全操作规程</td></tr>
<tr><td>4）学习新知识新技能，勇于开拓和创新</td></tr>
<tr><td>5）爱护设备、系统及工具、夹具、量具</td></tr>
<tr><td>6）着装整洁，符合规定；保持工作环境清洁有序，文明生产</td></tr>
</table>

续表

<table>
<tr><th colspan="3">2.1.1 职业基本素质培训要求</th><th colspan="4">2.2.1 职业基本素质培训课程规范</th></tr>
<tr><th>职业基本素质模块（模块）</th><th>培训内容（课程）</th><th>培训细目</th><th>学习单元</th><th>课程内容</th><th>培训建议</th><th>课堂学时</th></tr>
<tr><td rowspan="11">2．基础理论知识</td><td rowspan="7">2–1 机械制图</td><td rowspan="7">（1）识图与制图基础知识
（2）公差与配合
（3）尺寸标注
（4）尺寸链</td><td rowspan="3">（1）识图与制图基础知识</td><td>1）零件图的基本组成</td><td rowspan="3">（1）方法：讲授法、讨论法、练习法
（2）重点：基本体的三视图</td><td rowspan="3">4</td></tr>
<tr><td>2）投影与视图
①正投影法原理
②基本体的三视图
③简单组合体的三视图</td></tr>
<tr><td>3）制图知识
①测绘工具的使用
②绘图的步骤与方法</td></tr>
<tr><td rowspan="4">（2）标注与尺寸链</td><td>1）公差与配合的基本知识
①公差与配合的基本术语与定义
②公差与配合的分类
③公差与配合的标注</td><td rowspan="4">（1）方法：讲授法、讨论法、练习法
（2）重点：常见各类尺寸的标注方法
（3）难点：公差与配合的基本知识</td><td rowspan="4">6</td></tr>
<tr><td>2）常见各类尺寸的标注方法
①零件图的尺寸标注
②尺寸链的基本概念</td></tr>
<tr><td>3）形状和位置公差标注</td></tr>
<tr><td>4）表面粗糙度标注</td></tr>
<tr><td rowspan="4">2–2 工程材料及金属热处理知识</td><td rowspan="4">（1）金属材料的性能
（2）钢铁材料及其性能
（3）钢铁材料的热处理
（4）常用有色金属及其性能
（5）常用非金属工程材料</td><td rowspan="2">（1）金属材料的性能</td><td>1）力学性能</td><td rowspan="2">（1）方法：讲授法、观摩法
（2）重点与难点：力学性能</td><td rowspan="2">2</td></tr>
<tr><td>2）工艺性能</td></tr>
<tr><td rowspan="2">（2）常用钢材的性能和热处理方法</td><td>1）常用钢材的性能
①钢的分类
②钢的牌号
③常用钢材的性能</td><td rowspan="2">（1）方法：讲授法、讨论法、练习法、观摩法
（2）重点与难点：钢的牌号及热处理方法</td><td rowspan="2">4</td></tr>
<tr><td>2）钢材的热处理
①退火
②正火
③淬火
④回火
⑤表面热处理</td></tr>
</table>

续表

<table>
<tr><th colspan="3">2.1.1　职业基本素质培训要求</th><th colspan="4">2.2.1　职业基本素质培训课程规范</th></tr>
<tr><th>职业基本素质模块（模块）</th><th>培训内容（课程）</th><th>培训细目</th><th>学习单元</th><th>课程内容</th><th>培训建议</th><th>课堂学时</th></tr>
<tr><td rowspan="9">2．基础理论知识</td><td rowspan="5">2–2　工程材料及金属热处理知识</td><td rowspan="5">（1）金属材料的性能
（2）钢铁材料及其性能
（3）钢铁材料的热处理
（4）常用有色金属及其性能
（5）常用非金属工程材料</td><td rowspan="3">（3）常用有色金属的性能和热处理方法</td><td>1）铝及铝合金</td><td rowspan="3">（1）方法：讲授法、练习法
（2）重点：铝及铝合金、铜及铜合金
（3）难点：铝及铝合金、铜及铜合金牌号</td><td rowspan="3">2</td></tr>
<tr><td>2）铜及铜合金</td></tr>
<tr><td>3）钛及钛合金</td></tr>
<tr><td rowspan="2">（4）常用非金属工程材料</td><td>1）工程塑料</td><td rowspan="2">（1）方法：讲授法、讨论法、练习法
（2）重点：工程塑料</td><td rowspan="2">1</td></tr>
<tr><td>2）橡胶</td></tr>
<tr><td rowspan="4">2–3　机电控制知识</td><td rowspan="4">（1）机床常用电气元件的结构和原理
（2）电动机的基本知识
（3）数控机床常用检测元件
（4）液压传动基本知识
（5）气压传动基本知识</td><td rowspan="3">（1）机床电气控制基础知识</td><td>1）机床常用电气元件的结构和原理
①工厂电器基本知识
②常用低压电器</td><td rowspan="3">（1）方法：讲授法、讨论法、练习法、观摩法
（2）重点：常用低压电器、电动机基本知识
（3）难点：电动机基本知识</td><td rowspan="3">2</td></tr>
<tr><td>2）电动机的基本知识
①电动机的分类及应用范围
②直流电动机
③步进电动机
④伺服电动机</td></tr>
<tr><td>3）数控机床常用检测元件
①光栅
②脉冲编码器
③行程开关</td></tr>
<tr><td>（2）液压传动基本原理与典型元器件</td><td>1）液压传动的基本原理
①液压传动的工作原理
②液压传动的优缺点
③液压油的物理性质及选用
2）典型液压元器件
①液压泵
②液压缸
③方向控制阀
④压力控制阀
⑤流量控制阀
⑥辅助元件</td><td>（1）方法：讲授法、讨论法、练习法、观摩法
（2）重点：液压元器件</td><td>1</td></tr>
</table>

续表

<table>
<tr><th colspan="3">2.1.1 职业基本素质培训要求</th><th colspan="4">2.2.1 职业基本素质培训课程规范</th></tr>
<tr><th>职业基本素质模块（模块）</th><th>培训内容（课程）</th><th>培训细目</th><th>学习单元</th><th>课程内容</th><th>培训建议</th><th>课堂学时</th></tr>
<tr><td rowspan="12">2. 基础理论知识</td><td rowspan="6">2-3 机电控制知识</td><td rowspan="6">（1）机床常用电气元件的结构和原理
（2）电动机的基本知识
（3）数控机床常用检测元件
（4）液压传动基本知识
（5）气压传动基本知识</td><td rowspan="2">（3）典型液压回路</td><td>1）液压传动基本回路</td><td rowspan="2">（1）方法：讲授法、讨论法、练习法、观摩法
（2）重点：液压回路</td><td rowspan="2">1</td></tr>
<tr><td>2）数控车床液压系统</td></tr>
<tr><td rowspan="2">（4）气压传动基本原理与典型元器件</td><td>1）气压传动的基本原理
①气压传动的工作原理
②气压传动的优缺点</td><td rowspan="2">（1）方法：讲授法、讨论法、练习法、观摩法
（2）重点：气压元器件</td><td rowspan="2">1</td></tr>
<tr><td>2）典型气压元器件
①气源装置
②气压辅助元件
③压力控制阀
④方向控制阀</td></tr>
<tr><td rowspan="2">（5）典型气压回路</td><td>1）气压传动基本回路</td><td rowspan="2">（1）方法：讲授法、讨论法、练习法
（2）重点：气压回路</td><td rowspan="2">1</td></tr>
<tr><td>2）加工中心气动系统</td></tr>
<tr><td rowspan="6">2-4 计算机基础知识</td><td rowspan="6">（1）数制和数制之间的转换
（2）编码
（3）二进制数的运算
（4）微型计算机系统</td><td rowspan="3">（1）数制与编码</td><td>1）数制和数制之间的转换
①数制
②数制间的转换</td><td rowspan="3">（1）方法：讲授法、讨论法、练习法
（2）重点与难点：二进制数的运算</td><td rowspan="3">5</td></tr>
<tr><td>2）二进制编码
①字母与字符的编码
②汉字的编码</td></tr>
<tr><td>3）二进制数的运算
①二进制数的算术运算
②二进制数的逻辑运算</td></tr>
<tr><td rowspan="3">（2）微型计算机系统</td><td>1）计算机的特点与基本结构</td><td rowspan="3">（1）方法：讲授法、讨论法、练习法、实物示教法
（2）重点与难点：微型计算机的组成和结构</td><td rowspan="3">2</td></tr>
<tr><td>2）计算机的发展概况</td></tr>
<tr><td>3）微型计算机系统</td></tr>
</table>

续表

<table>
<tr><th colspan="3">2.1.1　职业基本素质培训要求</th><th colspan="4">2.2.1　职业基本素质培训课程规范</th></tr>
<tr><th>职业基本素质模块（模块）</th><th>培训内容（课程）</th><th>培训细目</th><th>学习单元</th><th>课程内容</th><th>培训建议</th><th>课堂学时</th></tr>
<tr><td rowspan="3">2．基础理论知识</td><td rowspan="3">2-5　专业英语基础</td><td rowspan="3">（1）数控加工专业英语</td><td rowspan="3">（1）数控加工专业英语词汇英汉对照</td><td>1）常用工具、机构专业词汇</td><td rowspan="3">（1）方法：讲授法、练习法
（2）重点：各类加工方法及设备专业词汇，数控操作专业词汇</td><td rowspan="3">4</td></tr>
<tr><td>2）各类加工方法及设备专业词汇</td></tr>
<tr><td>3）数控操作专业词汇</td></tr>
<tr><td rowspan="16">3．机械加工基础知识</td><td rowspan="6">3-1　机械原理</td><td rowspan="6">（1）机械传动基础知识
（2）简单机械零件</td><td rowspan="4">（1）机械传动基础知识</td><td>1）带传动</td><td rowspan="4">（1）方法：讲授法、案例教学法、练习法、观摩法
（2）重点：带传动、齿轮传动</td><td rowspan="4">6</td></tr>
<tr><td>2）链传动</td></tr>
<tr><td>3）齿轮传动</td></tr>
<tr><td>4）螺旋传动</td></tr>
<tr><td rowspan="2">（2）简单机械零件</td><td>1）键、销及其连接</td><td rowspan="2">（1）方法：讲授法、案例教学法、练习法
（2）重点：轴承</td><td rowspan="2">4</td></tr>
<tr><td>2）轴与轴承</td></tr>
<tr><td rowspan="5">3-2　常用设备知识（分类、用途、基本结构及维护保养方法）</td><td rowspan="5">（1）机床的类型及基本构造
（2）金属切削机床定期维护保养规范</td><td rowspan="3">（1）机床的类型及基本构造</td><td>1）机床的分类及用途</td><td rowspan="3">（1）方法：讲授法、讨论法、案例教学法、参观法、观摩法
（2）重点：数控车床的基本构造</td><td rowspan="3">2</td></tr>
<tr><td>2）机床的基本构造</td></tr>
<tr><td>3）数控车床的基本构造</td></tr>
<tr><td rowspan="2">（2）金属切削机床定期维护保养规范</td><td>1）一级保养内容及要求</td><td rowspan="2">（1）方法：讲授法、讨论法、案例教学法
（2）重点：机床保养内容及要求</td><td rowspan="2">2</td></tr>
<tr><td>2）二级保养内容及要求</td></tr>
<tr><td rowspan="5">3-3　常用金属切削刀具知识</td><td rowspan="5">（1）刀具材料
（2）刀具的几何角度对切削性能的影响
（3）常用刀具</td><td rowspan="2">（1）刀具材料及应用</td><td>1）刀具材料应具备的性能</td><td rowspan="2">（1）方法：讲授法、案例教学法
（2）重点：刀具材料</td><td rowspan="2">1</td></tr>
<tr><td>2）刀具材料的种类及应用</td></tr>
<tr><td rowspan="3">（2）刀具的几何角度对切削性能的影响</td><td>1）刀具的几何角度
①切削运动及其形成的表面
②车刀的组成
③辅助平面
④切削部分的几何角度</td><td rowspan="3">（1）方法：讲授法、案例教学法、观摩法
（2）重点：刀具角度、切削要素
（3）难点：刀具角度及其对切削性能的影响</td><td rowspan="3">4</td></tr>
<tr><td>2）切削要素</td></tr>
<tr><td>3）刀具几何角度对切削性能的影响</td></tr>
</table>

续表

<table>
<tr><th colspan="3">2.1.1 职业基本素质培训要求</th><th colspan="4">2.2.1 职业基本素质培训课程规范</th></tr>
<tr><th>职业基本素质模块（模块）</th><th>培训内容（课程）</th><th>培训细目</th><th>学习单元</th><th>课程内容</th><th>培训建议</th><th>课堂学时</th></tr>
<tr><td rowspan="12">3．机械加工基础知识</td><td rowspan="6">3-3 常用金属切削刀具知识</td><td rowspan="6">（1）刀具材料
（2）刀具的几何角度对切削性能的影响
（3）常用刀具</td><td rowspan="2">（3）常用刀具</td><td>1）车刀</td><td rowspan="2">（1）方法：讲授法、案例教学法、实物示教法、观摩法
（2）重点：车刀</td><td rowspan="2">1</td></tr>
<tr><td>2）铣刀、钻头、铰刀、丝锥、板牙</td></tr>
<tr><td rowspan="4">（4）切削基础知识</td><td>1）切削变形</td><td rowspan="4">（1）方法：讲授法、讨论法、观摩法
（2）重点与难点：刀具磨损的知识</td><td rowspan="4">1</td></tr>
<tr><td>2）切屑的类型</td></tr>
<tr><td>3）积屑瘤</td></tr>
<tr><td>4）刀具磨损的知识</td></tr>
<tr><td rowspan="6">3-4 典型零件加工工艺</td><td rowspan="6">（1）轴类零件的工艺过程
（2）盘类零件的工艺过程
（3）套类零件的工艺过程</td><td rowspan="2">（1）轴类零件的工艺过程</td><td>1）轴类零件分析
①轴类零件的分类及技术要求
②轴类零件的材料毛坯及热处理
③轴类零件的安装方式</td><td rowspan="2">（1）方法：讲授法、讨论法、练习法、观摩法
（2）重点：轴类零件加工技术要求
（3）难点：轴类零件加工工艺过程</td><td rowspan="2">2</td></tr>
<tr><td>2）轴类零件加工工艺过程</td></tr>
<tr><td rowspan="2">（2）盘类零件的工艺过程</td><td>1）盘类零件分析
①盘类零件的分类及技术要求
②盘类零件机械加工工艺过程及其特点
③盘类零件的装夹方式</td><td rowspan="2">（1）方法：讲授法、讨论法、练习法
（2）重点：盘类零件加工技术要求
（3）难点：盘类零件加工工艺过程</td><td rowspan="2">2</td></tr>
<tr><td>2）盘类零件加工工艺过程</td></tr>
<tr><td rowspan="2">（3）套类零件的工艺过程</td><td>1）套类零件分析
①套类零件的分类及技术要求
②套类零件机械加工工艺过程及其特点
③套类零件的装夹方式</td><td rowspan="2">（1）方法：讲授法、讨论法、练习法
（2）重点：套类零件加工技术要求
（3）难点：套类零件加工工艺过程</td><td rowspan="2">2</td></tr>
<tr><td>2）套类零件加工工艺过程</td></tr>
</table>

续表

<table>
<tr><th colspan="3">2.1.1 职业基本素质培训要求</th><th colspan="4">2.2.1 职业基本素质培训课程规范</th></tr>
<tr><th>职业基本素质模块（模块）</th><th>培训内容（课程）</th><th>培训细目</th><th>学习单元</th><th>课程内容</th><th>培训建议</th><th>课堂学时</th></tr>
<tr><td rowspan="22">3．机械加工基础知识</td><td rowspan="5">3–5 设备润滑和冷却液的使用方法</td><td rowspan="5">（1）设备润滑
（2）设备冷却</td><td rowspan="3">（1）润滑剂及其使用</td><td>1）润滑剂的作用</td><td rowspan="3">（1）方法：讲授法、讨论法、练习法
（2）重点：润滑剂的种类及作用</td><td rowspan="3">1</td></tr>
<tr><td>2）润滑剂的种类</td></tr>
<tr><td>3）润滑剂的名称、特点及用途</td></tr>
<tr><td rowspan="2">（2）切削液及其使用</td><td>1）切削液的作用与种类</td><td rowspan="2">（1）方法：讲授法、讨论法、练习法
（2）重点：切削液的作用与种类</td><td rowspan="2">1</td></tr>
<tr><td>2）切削液的名称、特点及用途</td></tr>
<tr><td rowspan="17">3-6 工具、夹具、量具的使用与维护知识</td><td rowspan="17">（1）常用工具及其使用
（2）常用夹具的使用与维护
（3）常用量具的使用与维护
（4）常用测量仪器简介</td><td rowspan="3">（1）常用工具及其使用</td><td>1）清洁工具及使用</td><td rowspan="3">（1）方法：讲授法、案例教学法
（2）重点：除屑工具的使用</td><td rowspan="3">1</td></tr>
<tr><td>2）保养工具及使用</td></tr>
<tr><td>3）除屑工具及使用</td></tr>
<tr><td rowspan="3">（2）常用夹具及其使用与维护</td><td>1）台虎钳</td><td rowspan="3">（1）方法：讲授法、案例教学法、实物示教法、观摩法
（2）重点：卡盘的使用与维护</td><td rowspan="3">1</td></tr>
<tr><td>2）卡盘</td></tr>
<tr><td>3）分度头</td></tr>
<tr><td rowspan="5">（3）常用量具及其使用与维护</td><td>1）游标量具</td><td rowspan="5">（1）方法：讲授法、演示法、练习法
（2）重点与难点：游标量具、千分尺的使用</td><td rowspan="5">4</td></tr>
<tr><td>2）千分尺</td></tr>
<tr><td>3）百分表</td></tr>
<tr><td>4）游标万能角度尺</td></tr>
<tr><td>5）塞规 & 卡规</td></tr>
<tr><td rowspan="6">（4）常用测量仪器认知</td><td>1）对刀器</td><td rowspan="6">（1）方法：讲授法、演示法、观摩法
（2）重点与难点：万能工具显微镜、三坐标测量仪基本知识</td><td rowspan="6">2</td></tr>
<tr><td>2）粗糙度仪</td></tr>
<tr><td>3）硬度计</td></tr>
<tr><td>4）万能工具显微镜</td></tr>
<tr><td>5）高度计</td></tr>
<tr><td>6）三坐标测量仪</td></tr>
</table>

续表

<table>
<tr><th colspan="3">2.1.1 职业基本素质培训要求</th><th colspan="4">2.2.1 职业基本素质培训课程规范</th></tr>
<tr><th>职业基本素质模块（模块）</th><th>培训内容（课程）</th><th>培训细目</th><th>学习单元</th><th>课程内容</th><th>培训建议</th><th>课堂学时</th></tr>
<tr><td rowspan="15">3．机械加工基础知识</td><td rowspan="15">3-7 普通车床、钳工基本操作知识</td><td rowspan="15">（1）划线操作知识
（2）钳工錾削、锯削、锉削操作知识
（3）钳工孔加工知识
（4）普通车床基本操作</td><td rowspan="3">（1）划线操作知识</td><td>1）划线工具及其使用</td><td rowspan="3">（1）方法：讲授法、演示法、练习法、观摩法、实物示教法
（2）重点：划线方法</td><td rowspan="3">2</td></tr>
<tr><td>2）划线方法</td></tr>
<tr><td>3）分度头划线</td></tr>
<tr><td rowspan="3">（2）钳工錾削、锯削、锉削操作知识</td><td>1）錾削</td><td rowspan="3">（1）方法：讲授法、演示法、练习法、实物示教法
（2）重点：锯削、锉削操作
（3）难点：锯削操作</td><td rowspan="3">4</td></tr>
<tr><td>2）锯削</td></tr>
<tr><td>3）锉削</td></tr>
<tr><td rowspan="4">（3）钳工孔加工知识</td><td>1）钻床</td><td rowspan="4">（1）方法：讲授法、演示法、练习法
（2）重点与难点：钻孔、攻螺纹</td><td rowspan="4">2</td></tr>
<tr><td>2）钻头及附件</td></tr>
<tr><td>3）钻孔、扩孔、铰孔</td></tr>
<tr><td>4）攻螺纹</td></tr>
<tr><td rowspan="4">（4）普通车床基础知识与基本操作</td><td>1）车削的基本概念</td><td rowspan="4">（1）方法：讲授法、演示法、练习法
（2）重点：切削运动方式和车床结构
（3）难点：车刀装夹时刀尖与轴线等高的调整</td><td rowspan="4">6</td></tr>
<tr><td>2）车床的构造</td></tr>
<tr><td>3）车床主轴速度的调整</td></tr>
<tr><td>4）工件、车刀、钻头的夹持</td></tr>
<tr><td colspan="4" style="display:none"></td></tr>
<tr><td rowspan="2">4．安全文明生产与环境保护知识</td><td rowspan="2">4-1 安全操作与劳动保护知识</td><td rowspan="2">（1）安全管理基础知识
（2）作业现场的基本安全知识
（3）电气安全知识
（4）机械安全基础知识
（5）防火防爆安全知识</td><td rowspan="2">（1）安全生产操作与劳动保护知识</td><td>1）安全管理基础知识
①安全生产基本概念和方针
②正确使用和佩戴劳动防护用品
③安全色、安全线和安全标志</td><td rowspan="2">（1）方法：讲授法、案例教学法、讨论法
（2）重点：熟悉现场设备安全操作知识，杜绝人机事故发生，安全色、安全线和安全标志，预防触电事故的方法和措施，常用机械设备的危害因素与防护</td><td rowspan="2">2</td></tr>
<tr><td>2）作业现场的基本安全知识
①熟悉现场设备安全操作知识
②杜绝人机事故发生</td></tr>
</table>

续表

<table>
<tr><th colspan="3">2.1.1 职业基本素质培训要求</th><th colspan="4">2.2.1 职业基本素质培训课程规范</th></tr>
<tr><th>职业基本素质模块（模块）</th><th>培训内容（课程）</th><th>培训细目</th><th>学习单元</th><th>课程内容</th><th>培训建议</th><th>课堂学时</th></tr>
<tr><td rowspan="8">4. 安全文明生产与环境保护知识</td><td rowspan="3">4-1 安全操作与劳动保护知识</td><td rowspan="3">（1）安全管理基础知识
（2）作业现场的基本安全知识
（3）电气安全知识
（4）机械安全基础知识
（5）防火防爆安全知识</td><td rowspan="3">（1）安全生产操作与劳动保护知识</td><td>3）电气安全知识
①电气事故的分类
②触电事故的类型
③常用的防直接触电的防护措施
④员工必须遵守的安全用电基本要求
⑤预防触电事故的方法和措施</td><td rowspan="3"></td><td rowspan="3"></td></tr>
<tr><td>4）机械安全基础知识
①机械设备的危险因素
②机械伤害的类型
③常用机械设备的危险因素与防护</td></tr>
<tr><td>5）防火防爆安全知识
①防火防爆守则
②灭火基本方法
③灭火器使用方法</td></tr>
<tr><td rowspan="2">4-2 文明生产知识</td><td rowspan="2">（1）文明生产管理制度
（2）现场 5S 管理</td><td rowspan="2">（1）文明生产知识</td><td>1）文明生产管理制度</td><td rowspan="2">（1）方法：讲授法、案例教学法
（2）重点：文明生产管理制度</td><td rowspan="2">1</td></tr>
<tr><td>2）现场 5S 管理</td></tr>
<tr><td rowspan="3">4-3 环境保护知识</td><td rowspan="3">（1）机械加工与环境保护知识</td><td rowspan="3">（1）机械加工与环境保护知识</td><td>1）环境保护定义</td><td rowspan="3">（1）方法：讲授法、案例教学法
（2）重点：机械加工中的环境保护</td><td rowspan="3">1</td></tr>
<tr><td>2）机械加工中的环境保护</td></tr>
<tr><td>3）案例分析</td></tr>
<tr><td rowspan="6">5. 质量管理知识</td><td rowspan="3">5-1 企业的质量方针</td><td rowspan="3">（1）企业的质量方针</td><td rowspan="3">（1）企业的质量方针</td><td>1）质量方针的概念</td><td rowspan="3">（1）方法：讲授法、案例教学法
（2）重点与难点：质量方针</td><td rowspan="3">1</td></tr>
<tr><td>2）企业制定质量方针的意义</td></tr>
<tr><td>3）质量方针</td></tr>
<tr><td rowspan="3">5-2 岗位质量要求</td><td rowspan="3">（1）质量管理的工作内容</td><td rowspan="3">（1）质量管理的工作内容</td><td>1）质量管理与质量控制
①质量的概念
②产品质量
③工作质量
④质量管理</td><td rowspan="3">（1）方法：讲授法、案例教学法
（2）重点：质量统计方法</td><td rowspan="3">1</td></tr>
<tr><td>2）全面质量管理</td></tr>
<tr><td>3）班组质量工作的内容与要求</td></tr>
</table>

续表

2.1.1 职业基本素质培训要求			2.2.1 职业基本素质培训课程规范			
职业基本素质模块（模块）	培训内容（课程）	培训细目	学习单元	课程内容	培训建议	课堂学时
5. 质量管理知识	5-3 岗位质量保证措施与责任	(1) 生产过程中的质量管理	(1) 生产过程中的质量管理	1) 建立现场质量保证体系 2) 工人在现场质量管理工作中的具体工作内容 3) 保证现场质量的方法	(1) 方法：讲授法 (2) 重点：保证现场质量的方法	1
6. 相关法律、法规知识	6-1 相关法律、法规知识	(1) 劳动法相关知识 (2) 环境保护法相关知识 (3) 知识产权法相关知识 (4) 安全生产相关法律法规知识	(1) 相关法律、法规知识	1) 劳动法相关知识 ①劳动法定义 ②劳动者的权利和义务 ③劳动合同制度 ④劳动合同的订立、变更和解除 ⑤劳动安全卫生制度 ⑥社会保险制度 ⑦劳动争议处理 2) 环境保护法相关知识 ①防治污染和其他公害 ②信息公开和公众参与 ③保护和改善环境 3) 知识产权法相关知识 ①著作权及其权利 ②法律责任 4) 安全生产法相关知识 ①生产经营单位的安全生产保障 ②从业人员的安全生产权利义务 ③法律责任	(1) 方法：讲授法、案例教学法 (2) 重点：劳动者的权利和义务，防治污染和其他公害，从业人员的安全生产权利义务	2
课堂学时合计						100

附录 2　中级职业技能培训要求与课程规范对照表

<table>
<tr><th colspan="4">2.1.2　中级职业技能培训要求</th><th colspan="4">2.2.2　中级职业技能培训课程规范</th></tr>
<tr><th>职业功能模块（模块）</th><th>培训内容（课程）</th><th>技能目标</th><th>培训细目</th><th>学习单元</th><th>课程内容</th><th>培训建议</th><th>课堂学时</th></tr>
<tr><td rowspan="18">1. 加工准备</td><td rowspan="18">1-1　读图与绘图</td><td rowspan="6">1-1-1　能读懂中等复杂程度（如：曲轴）的零件图</td><td rowspan="6">（1）曲轴零件图识读
（2）法兰盘零件图识读</td><td rowspan="4">（1）复杂零件的表达方法</td><td>1）视图</td><td rowspan="4">（1）方法：讲授法、案例教学法、观摩法
（2）重点：复杂零件的表达方法</td><td rowspan="4">2</td></tr>
<tr><td>2）剖视图</td></tr>
<tr><td>3）断面图</td></tr>
<tr><td>4）其他表达方法
①局部放大图
②简化表示法</td></tr>
<tr><td rowspan="2">（2）零件图识读</td><td>1）曲轴零件结构形状的分析</td><td rowspan="2">（1）方法：讲授法、案例教学法、观摩法
（2）重点与难点：零件结构形状的分析</td><td rowspan="2">2</td></tr>
<tr><td>2）法兰盘零件结构形状的分析</td></tr>
<tr><td rowspan="5">1-1-2　能绘制简单的轴、盘类零件图</td><td rowspan="5">（1）简单轴盘类零件图绘制</td><td rowspan="5">（3）简单零件图的画法</td><td>1）零件结构形状的表达</td><td rowspan="5">（1）方法：讲授法、案例教学法、练习法、实物示教法
（2）重点与难点：零件结构形状的表达</td><td rowspan="5">4</td></tr>
<tr><td>2）图框线的绘制</td></tr>
<tr><td>3）技术要求的注写</td></tr>
<tr><td>4）标题栏的填写</td></tr>
<tr><td>5）简单轴盘类零件图绘制</td></tr>
<tr><td rowspan="7">1-1-3　能读懂进给机构、主轴系统的装配图</td><td rowspan="7">（1）进给机构装配图识读
（2）主轴系统装配图识读</td><td rowspan="5">（4）装配图的识读内容</td><td>1）装配图的作用</td><td rowspan="5">（1）方法：讲授法、案例教学法、练习法
（2）重点：装配图的内容，技术要求的注写</td><td rowspan="5">2</td></tr>
<tr><td>2）装配图的内容</td></tr>
<tr><td>3）装配图的序号</td></tr>
<tr><td>4）标题栏和明细表</td></tr>
<tr><td>5）装配图技术要求的注写</td></tr>
<tr><td rowspan="2">（5）进给机构、主轴系统的装配图识读</td><td>1）进给机构装配图识读</td><td rowspan="2">（1）方法：讲授法、案例教学法、讨论法
（2）重点与难点：机械结构图及装配图的识读</td><td rowspan="2">2</td></tr>
<tr><td>2）主轴系统装配图识读</td></tr>
</table>

续表

2.1.2 中级职业技能培训要求				2.2.2 中级职业技能培训课程规范			
职业功能模块（模块）	培训内容（课程）	技能目标	培训细目	学习单元	课程内容	培训建议	课堂学时
1. 加工准备	1–2 制定加工工艺	1–2–1 能读懂复杂零件的数控车床加工工艺文件	(1) 读复杂零件的数控车床加工工艺文件	(1) 数控加工工艺基础	1) 加工工艺基本概念 ①工艺系统 ②生产过程 ③工艺过程 ④工序、工步、工位 ⑤走刀、安装 2) 数控车削加工的主要对象及工艺特点 3) 数控车削加工工艺的主要内容 4) 制定简单轴类零件加工工艺的一般流程 5) 批量加工工艺特点	(1) 方法：讲授法、案例教学法、讨论法、观摩法 (2) 重点与难点：数控车削加工工艺内容	2
				(2) 典型零件的加工工艺文件识读	1) 工艺文件的概念 2) 工艺文件的类型 3) 复杂零件的数控车床加工工艺文件识读	(1) 方法：讲授法、案例教学法、讨论法 (2) 重点与难点：数控车床加工工艺文件识读	2
		1–2–2 能编制简单（轴、盘）零件的数控车床加工工艺文件	(1) 编制简单轴零件的数控车床加工工艺文件 (2) 编制简单盘零件的数控车床加工工艺文件	(3) 编制简单轴零件的数控车床加工工艺文件	1) 制定工艺文件的步骤 2) 数控加工工艺的制定方法与原则 3) 数控车床加工工艺路线的拟订 4) 典型轴类零件的数控车床加工工艺过程卡编制	(1) 方法：讲授法、案例教学法、讨论法 (2) 重点与难点：典型轴类零件的数控车床加工工艺过程卡编制	4
				(4) 编制简单盘零件的数控车床加工工艺文件	1) 典型盘类零件的数控车床加工工艺过程卡编制	(1) 方法：讨论法、练习法 (2) 重点与难点：典型盘类零件的数控车床加工工艺过程卡编制	4

续表

<table>
<tr><th colspan="4">2.1.2　中级职业技能培训要求</th><th colspan="4">2.2.2　中级职业技能培训课程规范</th></tr>
<tr><th>职业功能模块（模块）</th><th>培训内容（课程）</th><th>技能目标</th><th>培训细目</th><th>学习单元</th><th>课程内容</th><th>培训建议</th><th>课堂学时</th></tr>
<tr><td rowspan="15">1．加工准备</td><td rowspan="15">1-3　零件定位与装夹</td><td rowspan="15">1-3-1　能使用通用夹具（如：三爪自定心卡盘、四爪单动卡盘）进行零件装夹与定位</td><td rowspan="15">（1）零件定位与夹紧
（2）四爪单动卡盘的使用
（3）三爪自定心卡盘的使用
（4）两顶尖定位与夹紧
（5）一夹一顶装夹</td><td rowspan="3">（1）定位与夹紧的原理和方法</td><td>1）定位和基准的基本概念
①工件的定位
②基准的概念
③六点定位原理
④定位基本原理的应用</td><td rowspan="3">（1）方法：讲授法、案例教学法
（2）重点与难点：定位基本原理与定位元件</td><td rowspan="3">6</td></tr>
<tr><td>2）工件的定位方法和定位元件
①工件的定位方法
②定位元件</td></tr>
<tr><td>3）工件在夹具中的夹紧
①夹紧装置的基本要求
②夹紧力的确定</td></tr>
<tr><td rowspan="3">（2）四爪单动卡盘的使用</td><td>1）四爪单动卡盘的工作特点</td><td rowspan="3">（1）方法：讲授法、演示法、练习法
（2）重点与难点：四爪单动卡盘装夹工件的找正</td><td rowspan="3">4</td></tr>
<tr><td>2）工件的找正</td></tr>
<tr><td>3）使用四爪单动卡盘的注意事项</td></tr>
<tr><td rowspan="4">（3）三爪自定心卡盘的使用</td><td>1）三爪自定心卡盘的结构</td><td rowspan="4">（1）方法：讲授法、演示法、练习法
（2）重点与难点：三爪自定心卡盘定位与夹紧</td><td rowspan="4">4</td></tr>
<tr><td>2）三爪自定心卡盘的特点及适用范围</td></tr>
<tr><td>3）三爪自定心卡盘定位方法</td></tr>
<tr><td>4）使用三爪自定心卡盘的注意事项</td></tr>
<tr><td rowspan="5">（4）两顶尖定位与夹紧</td><td>1）两顶尖定位的特点及适用范围</td><td rowspan="5">（1）方法：讲授法、演示法、练习法
（2）重点与难点：用两顶尖法装夹工件</td><td rowspan="5">2</td></tr>
<tr><td>2）中心孔的种类及适用场合</td></tr>
<tr><td>3）中心钻折断的原因及预防措施</td></tr>
<tr><td>4）用两顶尖法装夹工件的注意事项</td></tr>
<tr><td>5）鸡心夹的选择和使用方法</td></tr>
</table>

续表

<table>
<tr><th colspan="4">2.1.2 中级职业技能培训要求</th><th colspan="4">2.2.2 中级职业技能培训课程规范</th></tr>
<tr><th>职业功能模块（模块）</th><th>培训内容（课程）</th><th>技能目标</th><th>培训细目</th><th>学习单元</th><th>课程内容</th><th>培训建议</th><th>课堂学时</th></tr>
<tr><td rowspan="16">1．加工准备</td><td rowspan="4">1-3 零件定位与装夹</td><td rowspan="4">1-3-1 能使用通用夹具（如：三爪自定心卡盘、四爪单动卡盘）进行零件装夹与定位</td><td rowspan="4">（1）零件定位与夹紧
（2）四爪单动卡盘的使用
（3）三爪自定心卡盘的使用
（4）两顶尖定位与夹紧
（5）一夹一顶装夹</td><td rowspan="4">（5）一夹一顶装夹</td><td>1）一夹一项定位的特点及适用范围</td><td rowspan="4">（1）方法：讲授法、演示法、实物示教法、练习法
（2）重点与难点：一夹一顶装夹工件的方法</td><td rowspan="4">2</td></tr>
<tr><td>2）回转顶尖的种类及选择</td></tr>
<tr><td>3）一夹一顶定位方法</td></tr>
<tr><td>4）一夹一顶装夹工件的注意事项</td></tr>
<tr><td rowspan="12">1-4 刀具准备</td><td rowspan="6">1-4-1 能根据数控车床加工工艺文件选择、安装和调整数控车床常用刀具</td><td rowspan="6">（1）数控车床常用刀具选择、安装与调整</td><td rowspan="2">（1）数控车床常用刀具的种类、结构和特点</td><td>1）数控车床常用刀具的种类</td><td rowspan="2">（1）方法：讲授法、案例教学法、演示法
（2）重点与难点：可转位刀具的结构</td><td rowspan="2">1</td></tr>
<tr><td>2）数控车床常用可转位刀具的结构</td></tr>
<tr><td rowspan="4">（2）数控车床常用刀具选择、安装与调整</td><td>1）数控车床常用刀片的种类及选择方法</td><td rowspan="4">（1）方法：讲授法、观摩法、实物示教法、练习法
（2）重点与难点：刀具角度分析，常用刀具的安装</td><td rowspan="4">4</td></tr>
<tr><td>2）通用车削刀具材质的选择</td></tr>
<tr><td>3）通用车削刀具角度的选择</td></tr>
<tr><td>4）数控车床常用刀具的安装与调整</td></tr>
<tr><td rowspan="6">1-4-2 能刃磨常用车削刀具</td><td rowspan="6">（1）外圆车刀刃磨
（2）切槽车刀刃磨</td><td rowspan="3">（3）外圆车刀刃磨</td><td>1）硬质合金刀头的刃磨方法</td><td rowspan="3">（1）方法：讲授法、观摩法、实物示教法、练习法
（2）重点与难点：前角、后角测量及控制</td><td rowspan="3">4</td></tr>
<tr><td>2）前角、后角测量</td></tr>
<tr><td>3）刃磨注意事项</td></tr>
<tr><td rowspan="3">（4）切槽车刀刃磨</td><td>1）高速钢刀头的刃磨方法</td><td rowspan="3">（1）方法：讲授法、观摩法、实物示教法、练习法
（2）重点与难点：刀尖角角度测量与控制</td><td rowspan="3">6</td></tr>
<tr><td>2）刀尖角角度测量</td></tr>
<tr><td>3）刃磨注意事项</td></tr>
</table>

续表

<table>
<tr><th colspan="4">2.1.2 中级职业技能培训要求</th><th colspan="4">2.2.2 中级职业技能培训课程规范</th></tr>
<tr><th>职业功能模块（模块）</th><th>培训内容（课程）</th><th>技能目标</th><th>培训细目</th><th>学习单元</th><th>课程内容</th><th>培训建议</th><th>课堂学时</th></tr>
<tr><td rowspan="20">2. 数控编程</td><td rowspan="20">2-1 手工编程</td><td rowspan="13">2-1-1 能编制由直线、圆弧组成的二维轮廓数控加工程序</td><td rowspan="13">（1）直线、圆弧轴类零件手工编程</td><td rowspan="4">（1）数控机床编程知识</td><td>1）程序编制的基本概念</td><td rowspan="4">（1）方法：讲授法、案例教学法
（2）重点与难点：数控编程的步骤及方法</td><td rowspan="4">2</td></tr>
<tr><td>2）数控编程的步骤</td></tr>
<tr><td>3）数控编程的方法</td></tr>
<tr><td>4）程序的结构与格式</td></tr>
<tr><td rowspan="6">（2）数控车床编程基础</td><td>1）数控车床常用指令及用法</td><td rowspan="6">（1）方法：讲授法、案例教学法
（2）重点：数控车床编程规则
（3）难点：坐标点的计算</td><td rowspan="6">2</td></tr>
<tr><td>2）程序结构和指令代码</td></tr>
<tr><td>3）数控车床编程特点</td></tr>
<tr><td>4）数控车床的坐标系和运动方向</td></tr>
<tr><td>5）数控车床编程规则</td></tr>
<tr><td>6）坐标点的计算方法</td></tr>
<tr><td rowspan="2">（3）插补原理</td><td>1）直线插补原理</td><td rowspan="2">（1）方法：讲授法、案例教学法、观摩法
（2）重点与难点：插补原理</td><td rowspan="2">1</td></tr>
<tr><td>2）圆弧插补原理</td></tr>
<tr><td>（4）直线、圆弧组成的二维轮廓手工编程</td><td>1）子弹挂件模型编程</td><td>（1）方法：演示法、练习法、讨论法
（2）重点与难点：直线圆弧程序编写</td><td>3</td></tr>
<tr><td rowspan="7">2-1-2 能编制螺纹加工程序</td><td rowspan="7">（1）螺纹参数计算
（2）简单圆柱螺纹零件加工程序编写
（3）简单圆锥螺纹零件加工程序编写</td><td rowspan="3">（5）螺纹参数的计算</td><td>1）螺纹的重要参数</td><td rowspan="3">（1）方法：讲授法、演示法、练习法
（2）重点与难点：普通螺纹参数计算</td><td rowspan="3">2</td></tr>
<tr><td>2）普通螺纹参数计算</td></tr>
<tr><td>3）英制螺纹尺寸计算</td></tr>
<tr><td rowspan="2">（6）简单圆柱螺纹零件加工程序编写</td><td>1）圆柱螺纹参数计算</td><td rowspan="2">（1）方法：讲授法、演示法、练习法
（2）重点与难点：螺纹程序编写</td><td rowspan="2">2</td></tr>
<tr><td>2）圆柱螺纹加工程序编写</td></tr>
<tr><td rowspan="2">（7）简单圆锥螺纹零件加工程序编写</td><td>1）圆锥螺纹参数计算</td><td rowspan="2">（1）方法：讲授法、演示法、练习法
（2）重点与难点：圆锥螺纹程序编写</td><td rowspan="2">2</td></tr>
<tr><td>2）圆锥螺纹加工程序编写</td></tr>
</table>

续表

<table>
<tr><th colspan="4">2.1.2 中级职业技能培训要求</th><th colspan="4">2.2.2 中级职业技能培训课程规范</th></tr>
<tr><th>职业功能模块（模块）</th><th>培训内容（课程）</th><th>技能目标</th><th>培训细目</th><th>学习单元</th><th>课程内容</th><th>培训建议</th><th>课堂学时</th></tr>
<tr><td rowspan="9">2. 数控编程</td><td rowspan="5">2-1 手工编程</td><td rowspan="5">2-1-3 能运用固定循环、子程序进行零件的加工程序编制</td><td rowspan="5">（1）使用固定循环简化编程
（2）使用子程序简化编程</td><td rowspan="2">（8）运用固定循环编程</td><td>1）固定循环编程</td><td rowspan="2">（1）方法：讲授法、演示法、讨论法、练习法
（2）重点与难点：G90、G71、G73、G76 指令</td><td rowspan="2">4</td></tr>
<tr><td>2）复合循环编程</td></tr>
<tr><td rowspan="3">（9）运用子程序编程</td><td>1）子程序基础知识
①子程序定义
②子程序指令
③子程序格式</td><td rowspan="3">（1）方法：讲授法、演示法、讨论法、练习法
（2）重点与难点：用子程序编写槽切削程序</td><td rowspan="3">4</td></tr>
<tr><td>2）用子程序编写槽切削程序</td></tr>
<tr><td>3）用子程序编写简单外形切削程序</td></tr>
<tr><td rowspan="4">2-2 计算机辅助编程</td><td rowspan="2">2-2-1 能使用计算机绘图设计软件绘制简单（轴、盘、套）零件图</td><td rowspan="2">（1）计算机二维绘图</td><td rowspan="2">（1）计算机二维绘图（CAXA 数控车）</td><td>1）计算机绘图软件简介
①界面
②基本曲线
③高级曲线
④图形编辑
⑤工程标注
⑥完整图纸的表达</td><td rowspan="2">（1）方法：讲授法、演示法、练习法
（2）重点：基本曲线、图形编辑、工程标注、绘制图形
（3）难点：绘制图形</td><td rowspan="2">12</td></tr>
<tr><td>2）绘制简单轴、盘、套类零件图形</td></tr>
<tr><td rowspan="2">2-2-2 能利用计算机绘图软件计算节点</td><td rowspan="2">（1）计算机辅助节点计算</td><td rowspan="2">（2）计算机辅助节点计算</td><td>1）计算机绘图软件（二维）的使用方法</td><td rowspan="2">（1）方法：讲授法、演示法、练习法、讨论法
（2）重点与难点：计算机辅助节点的计算方法</td><td rowspan="2">8</td></tr>
<tr><td>2）计算机辅助节点的计算方法</td></tr>
</table>

续表

<table>
<tr><th colspan="4">2.1.2 中级职业技能培训要求</th><th colspan="4">2.2.2 中级职业技能培训课程规范</th></tr>
<tr><th>职业功能模块（模块）</th><th>培训内容（课程）</th><th>技能目标</th><th>培训细目</th><th>学习单元</th><th>课程内容</th><th>培训建议</th><th>课堂学时</th></tr>
<tr><td rowspan="7">2. 数控编程</td><td rowspan="7">2-3 数控加工仿真</td><td rowspan="7">2-3-1 能利用数控加工仿真软件实施加工过程仿真以及加工代码检查、干涉检查</td><td rowspan="7">（1）数控加工过程仿真
（2）数控加工代码检查
（3）数控加工干涉检查</td><td rowspan="3">（1）数控加工过程仿真</td><td>1）数控加工仿真软件简介</td><td rowspan="3">（1）方法：讲授法、演示法、案例教学法
（2）重点与难点：几何仿真技术的主要内容及特点</td><td rowspan="3">6</td></tr>
<tr><td>2）数控加工仿真的基本方法</td></tr>
<tr><td>3）几何仿真技术的主要内容及特点</td></tr>
<tr><td rowspan="2">（2）数控加工代码检查</td><td>1）代码检查的方法及意义</td><td rowspan="2">（1）方法：讲授法、演示法、练习法、讨论法
（2）重点与难点：代码检查流程</td><td rowspan="2">2</td></tr>
<tr><td>2）代码检查的流程</td></tr>
<tr><td rowspan="2">（3）数控加工干涉检查</td><td>1）干涉检查的类型
①刀具干涉
②夹具干涉
③型面干涉</td><td rowspan="2">（1）方法：讲授法、演示法、练习法
（2）重点与难点：干涉检查流程</td><td rowspan="2">2</td></tr>
<tr><td>2）干涉检查的流程</td></tr>
<tr><td rowspan="10">3. 数控车床操作</td><td rowspan="8">3-1 操作面板</td><td rowspan="3">3-1-1 能按照操作规程启动及停止机床</td><td rowspan="3">（1）数控车床开、关机基本操作</td><td rowspan="3">（1）数控车床开、关机基本操作</td><td>1）数控车控制面板构成</td><td rowspan="3">（1）方法：讲授法、实物示教法、练习法
（2）重点与难点：数控车床开、关机顺序</td><td rowspan="3">1</td></tr>
<tr><td>2）数控车床开机操作</td></tr>
<tr><td>3）数控车床关机操作</td></tr>
<tr><td rowspan="5">3-1-2 能使用操作面板上的常用功能键（如回零、手动、MDI、修调等）</td><td rowspan="5">（1）手动操作
（2）手摇操作
（3）回参考点
（4）MDI 操作
（5）倍率修调</td><td rowspan="5">（2）数控车床面板基本操作</td><td>1）手动操作</td><td rowspan="5">（1）方法：讲授法、实物示教法、练习法
（2）重点与难点：MDI 操作</td><td rowspan="5">1</td></tr>
<tr><td>2）手摇操作</td></tr>
<tr><td>3）回参考点</td></tr>
<tr><td>4）MDI 操作（主轴、刀架、移动控制）</td></tr>
<tr><td>5）倍率修调</td></tr>
<tr><td rowspan="2">3-2 程序输入与编辑</td><td rowspan="2">3-2-1 能通过各种途径（如DNC、网络等）输入加工程序</td><td rowspan="2">（1）用 PCMCIA 卡输入程序
（2）用 DNC 输入加工程序</td><td rowspan="2">（1）用 PCMCIA 卡输入程序</td><td>1）数控加工程序的输入方法</td><td rowspan="2">（1）方法：讲授法、演示法、练习法
（2）重点与难点：PCMCIA 卡程序输入的步骤及要点</td><td rowspan="2">1</td></tr>
<tr><td>2）用 PCMCIA 卡输入程序</td></tr>
</table>

续表

2.1.2　中级职业技能培训要求				2.2.2　中级职业技能培训课程规范			
职业功能模块（模块）	培训内容（课程）	技能目标	培训细目	学习单元	课程内容	培训建议	课堂学时
3．数控车床操作	3-2　程序输入与编辑	3-2-1　能通过各种途径（如DNC、网络等）输入加工程序	（1）用PCMCIA卡输入程序 （2）用DNC输入加工程序	（2）用DNC输入加工程序	1）数控网络知识 2）DNC常识 3）用DNC输入加工程序	（1）方法：讲授法、演示法、练习法 （2）重点与难点：用DNC输入加工程序	1
		3-2-2　能通过操作面板编辑加工程序	（1）在操作面板输入编辑程序	（3）用操作面板编辑加工程序	1）操作面板输入程序的方法 2）程序输入 3）程序编辑 4）图形模拟检验程序	（1）方法：讲授法、演示法、练习法 （2）重点与难点：图形模拟检验程序	2
	3-3　对刀	3-3-1　能进行对刀并确定相关坐标系	（1）对刀 （2）工件坐标系的确定	（1）对刀和工件坐标系的确定	1）数控机床的坐标系 2）数控机床的相关点 3）对刀的方法 4）对刀方法选择	（1）方法：讲授法、演示法、练习法 （2）重点与难点：对刀方法与选择	4
		3-3-2　能设置刀具参数	（1）刀具补偿值的设置	（2）刀具补偿值的设置	1）刀具尺寸补偿输入 2）刀尖半径补偿值和刀尖方位号输入	（1）方法：讲授法、演示法、练习法 （2）重点：刀尖半径补偿值和刀尖方位号输入	4
	3-4　程序调试与运行	3-4-1　能够对程序进行校验、单步执行、空运行并完成零件试切	（1）程序调试与运行	（1）程序调试与运行	1）程序的校验 2）程序的空运行与单步执行 3）零件试切 ①调试注意事项 ②处置方法	（1）方法：讲授法、演示法、练习法 （2）重点与难点：程序的检查校验，零件试切	6
4．零件加工	4-1　零件精度检验	4-1-1　能进行零件的长度、内径、外径、螺纹、角度等精度检验	（1）通用量具的使用 （2）尺寸精度的检测 （3）车削中常见形状精度的检验 （4）车削中常见位置精度的检验	（1）通用量具的使用	1）卡尺 ①游标卡尺 ②深度游标卡尺 2）千分尺 3）百分表	（1）方法：实物示教法、练习法、讨论法 （2）重点与难点：千分尺的使用	6
				（2）尺寸精度的检测	1）长度、外径的直接检测 2）高度、深度的直接检测 3）内径的直接检测 4）螺纹的直接检测 5）角度的直接检测	（1）方法：演示法、练习法 （2）重点与难点：角度的直接检测	2

续表

<table>
<tr><th colspan="4">2.1.2 中级职业技能培训要求</th><th colspan="4">2.2.2 中级职业技能培训课程规范</th></tr>
<tr><th>职业功能模块（模块）</th><th>培训内容（课程）</th><th>技能目标</th><th>培训细目</th><th>学习单元</th><th>课程内容</th><th>培训建议</th><th>课堂学时</th></tr>
<tr><td rowspan="17">4．零件加工</td><td rowspan="5">4-1 零件精度检验</td><td rowspan="4">4-1-1 能进行零件的长度、内径、外径、螺纹、角度等精度检验</td><td rowspan="4">（1）通用量具的使用
（2）尺寸精度的检测
（3）车削中常见形状精度的检验
（4）车削中常见位置精度的检验</td><td rowspan="2">（3）车削中常见形状精度的检验</td><td>1）圆柱度检测</td><td rowspan="2">（1）方法：讲授法、演示法、练习法
（2）重点与难点：圆柱度检测</td><td rowspan="2">2</td></tr>
<tr><td>2）直线度检测</td></tr>
<tr><td rowspan="2">（4）车削中常见位置精度的检验</td><td>1）跳动、同轴度检测</td><td rowspan="2">（1）方法：讲授法、演示法、练习法
（2）重点：同轴度检测</td><td rowspan="2">2</td></tr>
<tr><td>2）垂直度检测</td></tr>
<tr><td>4-1-2 零件的交检</td><td>（1）零件交检制度</td><td>（5）零件的交检</td><td>1）零件的交检制度</td><td>（1）方法：讲授法、演示法
（2）重点：零件的交检制度</td><td>1</td></tr>
<tr><td rowspan="12">4-2 轮廓加工</td><td rowspan="12">4-2-1 能进行轴、套类零件加工，并达到以下要求：
（1）尺寸公差等级：IT6
（2）几何公差等级：IT8
（3）表面粗糙度：$Ra1.6\mu m$</td><td rowspan="12">（1）轴类零件加工
（2）套类零件加工</td><td rowspan="6">（1）简单轴类零件加工</td><td>1）简单轴类零件的装夹方法
①单件生产
②批量生产</td><td rowspan="6">（1）方法：演示法、练习法、项目教学法
（2）重点：切削用量的确定
（3）难点：轴类零件的加工工艺路线确定</td><td rowspan="6">16</td></tr>
<tr><td>2）轴类零件轮廓加工路线</td></tr>
<tr><td>3）外圆车削刀具选择</td></tr>
<tr><td>4）确定切削用量</td></tr>
<tr><td>5）编写程序</td></tr>
<tr><td>6）简单轴类零件加工
①台阶轴加工
②外轮廓加工（直线、斜线外轮廓的车削、平端面的车削）</td></tr>
<tr><td rowspan="6">（2）套类零件加工</td><td>1）套类零件的装夹方法</td><td rowspan="6">（1）方法：演示法、练习法、项目教学法
（2）重点：切削用量确定
（3）难点：套类零件的装夹方法确定</td><td rowspan="6">16</td></tr>
<tr><td>2）套类零件轮廓加工路线</td></tr>
<tr><td>3）内孔车削刀具选择</td></tr>
<tr><td>4）确定切削用量</td></tr>
<tr><td>5）编写程序</td></tr>
<tr><td>6）套类零件加工
①直线内轮廓加工
②台阶孔加工</td></tr>
</table>

续表

<table>
<tr><th colspan="4">2.1.2　中级职业技能培训要求</th><th colspan="4">2.2.2　中级职业技能培训课程规范</th></tr>
<tr><th>职业功能模块（模块）</th><th>培训内容（课程）</th><th>技能目标</th><th>培训细目</th><th>学习单元</th><th>课程内容</th><th>培训建议</th><th>课堂学时</th></tr>
<tr><td rowspan="20">4. 零件加工</td><td rowspan="14">4–2　轮廓加工</td><td rowspan="14">4–2–2　能进行盘类、支架类零件加工，并达到以下要求：
（1）轴径公差等级：IT6
（2）孔径公差等级：IT7
（3）几何公差等级：IT8
（4）表面粗糙度：Ra1.6 μm</td><td rowspan="14">（1）盘类零件加工
（2）支架类零件加工
（3）内外轮廓较复杂零件加工</td><td rowspan="6">（3）盘类零件加工</td><td>1）盘类零件的装夹方法</td><td rowspan="6">（1）方法：演示法、练习法、项目教学法
（2）重点：切削用量的确定
（3）难点：盘类零件的装夹方法确定</td><td rowspan="6">16</td></tr>
<tr><td>2）盘类零件轮廓加工路线</td></tr>
<tr><td>3）端面切削刀具选择</td></tr>
<tr><td>4）确定切削用量</td></tr>
<tr><td>5）编写程序</td></tr>
<tr><td>6）盘类零件加工</td></tr>
<tr><td rowspan="6">（4）支架类零件加工</td><td>1）支架类零件的装夹方法</td><td rowspan="6">（1）方法：演示法、练习法、项目教学法
（2）重点：支架类零件轮廓加工路线确定
（3）难点：支架类零件的装夹方法确定</td><td rowspan="6">16</td></tr>
<tr><td>2）支架类零件轮廓加工路线</td></tr>
<tr><td>3）支架类零件切削刀具选择</td></tr>
<tr><td>4）确定切削用量</td></tr>
<tr><td>5）编写程序</td></tr>
<tr><td>6）支架类零件加工</td></tr>
<tr><td rowspan="2">（5）综合类零件加工</td><td>1）内外轮廓零件实例分析</td><td rowspan="2">（1）方法：案例教学法、演示法、练习法
（2）重点与难点：内外轮廓零件加工工艺分析</td><td rowspan="2">16</td></tr>
<tr><td>2）内外轮廓零件车削</td></tr>
<tr><td rowspan="6">4–3　螺纹加工</td><td rowspan="6">4–3–1　能进行单线等节距的普通三角螺纹的加工，并达到以下要求：
（1）尺寸公差等级：IT6 ~IT7
（2）几何公差等级：IT8
（3）表面粗糙度：Ra1.6 μm</td><td rowspan="6">（1）单线等节距普通螺纹车刀的选择
（2）单线等节距普通三角形外螺纹加工
（3）单线等节距普通三角形内螺纹加工</td><td rowspan="6">（1）单线等节距普通螺纹车刀选择</td><td>1）螺纹车削加工方法</td><td rowspan="6">（1）方法：讲授法、案例教学法
（2）重点：螺纹车削加工路线的确定
（3）难点：外螺纹车刀的刃磨</td><td rowspan="6">4</td></tr>
<tr><td>2）螺纹车刀的种类及选择</td></tr>
<tr><td>3）单线等节距普通三角形螺纹的参数及计算</td></tr>
<tr><td>4）螺纹车削加工路线</td></tr>
<tr><td>5）螺纹车刀的刃磨方法</td></tr>
<tr><td>6）外螺纹车刀的刃磨</td></tr>
</table>

续表

<table>
<tr><th colspan="4">2.1.2 中级职业技能培训要求</th><th colspan="4">2.2.2 中级职业技能培训课程规范</th></tr>
<tr><th>职业功能模块（模块）</th><th>培训内容（课程）</th><th>技能目标</th><th>培训细目</th><th>学习单元</th><th>课程内容</th><th>培训建议</th><th>课堂学时</th></tr>
<tr><td rowspan="28">4．零件加工</td><td rowspan="14">4-3 螺纹加工</td><td rowspan="14">4-3-1 能进行单线等节距的普通三角螺纹的加工，并达到以下要求：
（1）尺寸公差等级：IT6 ~IT7
（2）几何公差等级：IT8
（3）表面粗糙度：Ra1.6 μm</td><td rowspan="14">（1）单线等节距普通螺纹车刀的选择
（2）单线等节距普通三角形外螺纹加工
（3）单线等节距普通三角形内螺纹加工</td><td rowspan="7">（2）单线等节距普通三角形外螺纹加工</td><td>1）三角形外螺纹加工工艺准备</td><td rowspan="7">（1）方法：讲授法、演示法、练习法
（2）重点：切削用量的确定
（3）难点：尺寸控制方法</td><td rowspan="7">10</td></tr>
<tr><td>2）三角形外螺纹车削刀具选择</td></tr>
<tr><td>3）确定切削用量</td></tr>
<tr><td>4）编写程序</td></tr>
<tr><td>5）外螺的加工</td></tr>
<tr><td>6）尺寸控制方法</td></tr>
<tr><td>7）加工中存在问题及解决方法</td></tr>
<tr><td rowspan="7">（3）单线等节距普通三角形内螺纹加工</td><td>1）三角形内螺纹加工工艺准备</td><td rowspan="7">（1）方法：讲授法、演示法、练习法
（2）重点：切削用量的确定
（3）难点：尺寸控制方法</td><td rowspan="7">10</td></tr>
<tr><td>2）三角形内螺纹车削刀具选择</td></tr>
<tr><td>3）确定切削用量</td></tr>
<tr><td>4）编写程序</td></tr>
<tr><td>5）内螺纹加工</td></tr>
<tr><td>6）尺寸控制方法</td></tr>
<tr><td>7）加工中存在问题及解决方法</td></tr>
<tr><td rowspan="14">4-4 槽类加工</td><td rowspan="14">4-4-1 能进行内径槽、外径槽和端面槽的加工，并达到以下要求：
（1）尺寸公差等级：IT8
（2）几何公差等级：IT8
（3）表面粗糙度：Ra3.2 μm</td><td rowspan="14">（1）外径槽加工
（2）内径槽加工
（3）端面槽加工</td><td rowspan="7">（1）外径槽加工</td><td>1）外径槽加工路线</td><td rowspan="7">（1）方法：讲授法、演示法、练习法
（2）重点：外径槽刀具选择
（3）难点：外径槽加工路线的确定</td><td rowspan="7">8</td></tr>
<tr><td>2）外径槽刀具选择</td></tr>
<tr><td>3）确定切削用量</td></tr>
<tr><td>4）编写程序</td></tr>
<tr><td>5）外径槽加工</td></tr>
<tr><td>6）尺寸控制方法</td></tr>
<tr><td>7）加工中存在问题及解决方法</td></tr>
<tr><td rowspan="7">（2）内径槽加工</td><td>1）内径槽加工路线</td><td rowspan="7">（1）方法：讲授法、演示法、练习法
（2）重点：内径槽刀具选择
（3）难点：槽型尺寸控制方法</td><td rowspan="7">8</td></tr>
<tr><td>2）内径槽刀具选择</td></tr>
<tr><td>3）确定切削用量</td></tr>
<tr><td>4）编写程序</td></tr>
<tr><td>5）内径槽加工</td></tr>
<tr><td>6）尺寸控制方法</td></tr>
<tr><td>7）加工中存在问题及解决方法</td></tr>
</table>

续表

<table>
<tr><th colspan="4">2.1.2　中级职业技能培训要求</th><th colspan="4">2.2.2　中级职业技能培训课程规范</th></tr>
<tr><th>职业功能模块（模块）</th><th>培训内容（课程）</th><th>技能目标</th><th>培训细目</th><th>学习单元</th><th>课程内容</th><th>培训建议</th><th>课堂学时</th></tr>
<tr><td rowspan="16">4．零件加工</td><td rowspan="7">4-4　槽类加工</td><td rowspan="7">4-4-1　能进行内径槽、外径槽和端面槽的加工，并达到以下要求：
（1）尺寸公差等级：IT8
（2）几何公差等级：IT8
（3）表面粗糙度：Ra3.2 μm</td><td rowspan="7">1）外径槽加工
（2）内径槽加工
（3）端面槽加工</td><td rowspan="7">（3）端面槽加工</td><td>1）端面槽加工路线</td><td rowspan="7">（1）方法：讲授法、演示法、练习法
（2）重点：端面槽刀具选择
（3）难点：槽型尺寸控制方法</td><td rowspan="7">8</td></tr>
<tr><td>2）端面槽刀具选择</td></tr>
<tr><td>3）确定切削用量</td></tr>
<tr><td>4）编写程序</td></tr>
<tr><td>5）端面槽加工</td></tr>
<tr><td>6）尺寸控制方法</td></tr>
<tr><td>7）加工中存在问题及解决方法</td></tr>
<tr><td rowspan="9">4-5　孔加工</td><td rowspan="9">4-5-1　能进行孔加工，并达到以下要求：
（1）尺寸公差等级：IT7
（2）几何公差等级：IT8
（3）表面粗糙度：Ra3.2 μm</td><td rowspan="9">（1）钻、扩、铰孔加工
（2）孔尺寸的控制</td><td rowspan="2">（1）孔加工工艺</td><td>1）孔加工方法</td><td rowspan="2">（1）方法：讲授法、演示法、练习法
（2）重点：孔加工方法
（3）难点：孔加工工艺</td><td rowspan="2">4</td></tr>
<tr><td>2）孔加工工艺</td></tr>
<tr><td rowspan="5">（2）钻孔、扩孔、铰孔</td><td>1）中心钻种类</td><td rowspan="5">（1）方法：讲授法、演示法、练习法
（2）重点：钻孔
（3）难点：钻孔切削参数确定</td><td rowspan="5">16</td></tr>
<tr><td>2）钻削</td></tr>
<tr><td>3）铰削</td></tr>
<tr><td>4）镗削</td></tr>
<tr><td>5）加工中存在问题及解决方法</td></tr>
<tr><td rowspan="2">（3）孔尺寸的控制</td><td>1）孔径控制</td><td rowspan="2">（1）方法：讲授法、演示法、练习法
（2）重点：孔径控制方法
（3）难点：孔深控制方法</td><td rowspan="2">4</td></tr>
<tr><td>2）孔深控制</td></tr>
</table>

续表

2.1.2　中级职业技能培训要求				2.2.2　中级职业技能培训课程规范			
职业功能模块（模块）	培训内容（课程）	技能目标	培训细目	学习单元	课程内容	培训建议	课堂学时
5. 数控车床维护和故障诊断	5-1　数控车床日常维护	5-1-1　能根据说明书完成数控车床的定期及不定期维护保养，包括：机械、电、气、液压、冷却、数控系统检查和日常保养等	（1）数控车床机械系统日常维护 （2）数控车床电气系统日常维护 （3）数控车床气压系统日常维护 （4）数控车床液压系统日常维护 （5）数控车床冷却系统日常维护 （6）数控车床数控系统日常维护	（1）数控车床操作规程	1）数控车床安全操作	（1）方法：讲授法、案例教学法 （2）重点与难点：数控车床操作规程	1
				（2）数控车床日常保养	1）数控车床机械系统日常维护 2）数控车床电气系统日常维护 3）数控车床气压系统日常维护 4）数控车床液压系统日常维护 5）数控车床冷却系统日常维护 6）数控车床数控系统日常维护	（1）方法：讲授法、演示法、练习法 （2）重点与难点：数控车床机械系统日常维护	1
	5-2　数控车床故障诊断	5-2-1　能读懂数控系统的报警信息	（1）数控系统报警信息及其处理	（1）数控系统报警信息及其处理	1）报警信息的种类 2）常见报警信息处理	（1）方法：讲授法、案例教学法 （2）重点与难点：常见报警信息处理	1
		5-2-2　能发现并排除由数控程序引起的数控车床的一般故障	（1）数控车床操作故障诊断与排除	（2）数控车床常见故障诊断与排除	1）数控车床常见故障的诊断方法 2）常见编程、操作故障的排除	（1）方法：讲授法、案例教学法、演示法 （2）重点与难点：故障的诊断方法与解决	2
	5-3　数控车床精度检查	5-3-1　能进行数控车床水平的检查	（1）数控车床水平检查	（1）数控车床水平检查	1）数控车床的精度 2）水平仪的使用 3）机床垫铁的种类及调整方法 4）数控车床水平调整	（1）方法：讲授法、演示法、练习法 （2）重点与难点：水平仪的使用	1
课堂学时合计							300

附录 3　高级职业技能培训要求与课程规范对照表

<table>
<tr><th colspan="4">2.1.3　高级职业技能培训要求</th><th colspan="4">2.2.3　高级职业技能培训课程规范</th></tr>
<tr><th>职业功能模块（模块）</th><th>培训内容（课程）</th><th>技能目标</th><th>培训细目</th><th>学习单元</th><th>课程内容</th><th>培训建议</th><th>课堂学时</th></tr>
<tr><td rowspan="6">1．加工准备</td><td rowspan="4">1-1　读图与绘图</td><td rowspan="2">1-1-1　能读懂中等复杂程度（如：刀架）的装配图</td><td rowspan="2">（1）平口钳装配图识读
（2）普通四方刀架装配图识读</td><td>（1）平口钳装配图识读</td><td>1）识读装配图的一般流程
①零部件的装配关系分析
②配合尺寸关系分析
2）平口钳的构成与原理
3）平口钳装配图识读</td><td>（1）方法：讲授法、实物示教法
（2）重点与难点：装配公差识读</td><td>2</td></tr>
<tr><td>（2）普通四方刀架装配图识读</td><td>1）普通四方刀架的构成
2）标准件及常用件的表示方法
3）普通四方刀架装配图识读</td><td>（1）方法：讲授法、实物示教法
（2）重点与难点：装配技术要求识读</td><td>2</td></tr>
<tr><td>1-1-2　能根据装配图拆画零件图</td><td>（1）平口钳装配图拆画零件图</td><td>（3）平口钳装配图拆画零件图</td><td>1）根据装配图拆画零件图的方法
2）典型零件的表示方法
3）平口钳装配图拆画零件图</td><td>（1）方法：讲授法、练习法
（2）重点与难点：根据装配图拆画零件图的依据</td><td>8</td></tr>
<tr><td>1-1-3　能测绘零件</td><td>（1）机床主轴测绘</td><td>（4）机床主轴测绘</td><td>1）零件测绘方案
①装配关系分析
②装配公差分配
③尺寸配合关系分配
④测绘工具选择
2）机床主轴测绘</td><td>（1）方法：讲授法、演示法、练习法
（2）重点与难点：尺寸配合关系分配</td><td>4</td></tr>
<tr><td rowspan="2">1-2　制定加工工艺</td><td>1-2-1　能进行工艺尺寸链计算</td><td>（1）工艺尺寸链计算</td><td>（1）工艺尺寸链的计算</td><td>1）尺寸链的概念
2）增环、减环、封闭环的概念
3）尺寸链计算</td><td>（1）方法：讲授法、练习法
（2）重点与难点：封闭环判断</td><td>4</td></tr>
<tr><td>1-2-2　能编制复杂零件的数控车床加工工艺文件</td><td>（1）复杂轴类零件的数控车床加工工艺文件编制
（2）配合零件的数控车床加工工艺文件编制</td><td>（2）复杂轴类零件的加工工艺文件编制</td><td>1）车床主轴加工难点分析
2）车床主轴加工难点解决
3）车床主轴的加工工艺文件编制
①工艺过程卡编制
②工序卡编制
③刀具卡编制</td><td>（1）方法：讲授法、练习法
（2）重点与难点：加工工艺文件编制</td><td>4</td></tr>
</table>

续表

<table>
<tr><th colspan="4">2.1.3　高级职业技能培训要求</th><th colspan="4">2.2.3　高级职业技能培训课程规范</th></tr>
<tr><th>职业功能模块（模块）</th><th>培训内容（课程）</th><th>技能目标</th><th>培训细目</th><th>学习单元</th><th>课程内容</th><th>培训建议</th><th>课堂学时</th></tr>
<tr><td rowspan="21">1. 加工准备</td><td rowspan="4">1-2　制定加工工艺</td><td rowspan="4">1-2-2　能编制复杂零件的数控车床加工工艺文件</td><td rowspan="4">（1）复杂轴类零件的数控车床加工工艺文件编制
（2）配合零件的数控车床加工工艺文件编制</td><td rowspan="4">（3）配合零件的加工工艺文件编制</td><td>1）配合件概念及类型</td><td rowspan="4">（1）方法：讲授法、讨论法、练习法
（2）重点与难点：配做思路</td><td rowspan="4">4</td></tr>
<tr><td>2）配合件加工难点分析</td></tr>
<tr><td>3）配合件加工难点解决</td></tr>
<tr><td>4）配合件加工工艺文件编制</td></tr>
<tr><td rowspan="17">1-3　零件定位与装夹</td><td rowspan="7">1-3-1　能选择和使用数控车床组合夹具和专用夹具</td><td rowspan="7">（1）数控车床组合夹具的选用
（2）数控车床专用夹具的调整与使用</td><td rowspan="3">（1）数控车床组合夹具的选用</td><td>1）数控车床组合夹具的概念及适用范围</td><td rowspan="3">（1）方法：讲授法、演示法
（2）重点与难点：组合夹具的调整</td><td rowspan="3">2</td></tr>
<tr><td>2）组合夹具的使用与调整</td></tr>
<tr><td>3）组合夹具的选用</td></tr>
<tr><td rowspan="4">（2）数控车床专用夹具的调整与使用</td><td>1）数控车床专用夹具的概念及适用范围</td><td rowspan="4">（1）方法：讲授法、演示法
（2）重点与难点：专用夹具的调整</td><td rowspan="4">4</td></tr>
<tr><td>2）专用夹具的使用与调整</td></tr>
<tr><td>3）常见专用夹具的选用</td></tr>
<tr><td>4）专用夹具的对刀、找正方法</td></tr>
<tr><td rowspan="4">1-3-2　能分析并计算车床夹具的定位误差</td><td rowspan="4">（1）车床夹具的定位误差分析与计算</td><td rowspan="4">（3）车床夹具的定位误差分析与计算</td><td>1）定位误差的概念
①基准不重合误差
②基准位移误差</td><td rowspan="4">（1）方法：讲授法、讨论法、练习法
（2）重点与难点：定位误差分析</td><td rowspan="4">6</td></tr>
<tr><td>2）同轴度的误差分析</td></tr>
<tr><td>3）平行度的误差分析</td></tr>
<tr><td>4）边距尺寸的误差分析</td></tr>
<tr><td rowspan="6">1-3-3　能设计与自制装夹辅具（如：心轴、轴套、定位件等）</td><td rowspan="6">（1）装夹辅具的设计
（2）装夹辅具的自制</td><td rowspan="6">（4）装夹辅具的设计</td><td>1）装夹辅具设计的原则与方法</td><td rowspan="6">（1）方法：讲授法、演示法、练习法
（2）重点与难点：装夹辅具设计思路</td><td rowspan="6">8</td></tr>
<tr><td>2）辅具的使用条件</td></tr>
<tr><td>3）心轴的设计</td></tr>
<tr><td>4）轴套的设计</td></tr>
<tr><td>5）法兰盘的设计</td></tr>
<tr><td>6）大尺寸测量辅具的设计</td></tr>
</table>

续表

2.1.3 高级职业技能培训要求				2.2.3 高级职业技能培训课程规范			
职业功能模块（模块）	培训内容（课程）	技能目标	培训细目	学习单元	课程内容	培训建议	课堂学时
1. 加工准备	1-3 零件定位与装夹	1-3-3 能设计与自制装夹辅具（如：心轴、轴套、定位件等）	（1）装夹辅具的设计 （2）装夹辅具的自制	（5）装夹辅具的自制	1）自制辅具的材质选择 2）心轴的自制 3）轴套的自制 4）法兰盘的自制 5）大尺寸测量辅具的自制	（1）方法：讲授法、演示法、练习法 （2）重点与难点：装夹辅具的测量	8
	1-4 刀具准备	1-4-1 能选择各种刀具附件	（1）车削刀具附件的选择	（1）车削刀具附件选择	1）内孔车刀座 2）垫刀片 3）扳手 4）切槽刀座 5）其他附件	（1）方法：讲授法、练习法 （2）重点与难点：刀具附件的选择依据	2
		1-4-2 能根据难加工材料的特点，选择刀具的材料、结构和几何参数	（1）难加工材料的刀具选择	（2）难加工材料的刀具选择	1）难加工材料的分类及特点 ①不锈钢 ②淬硬钢 ③纯铝 ④纯铁 ⑤紫铜 ⑥钛合金 2）难加工材料的刀具选择 ①刀具材料 ②刀具结构 ③几何参数	（1）方法：讲授法 （2）重点与难点：刀具材质与角度分析	6
		1-4-3 能刃磨特殊车削刀具	（1）成型刀的刃磨 （2）内孔加工刀具的刃磨 （3）端面槽加工刀具的刃磨 （4）螺纹加工刀具的刃磨	（3）刃磨特殊车削刀具	1）特殊车削刀具的定义 2）成型刀的刃磨 3）内孔加工刀具的刃磨 4）端面槽加工刀具的刃磨 5）螺纹加工刀具的刃磨	（1）方法：讲授法、演示法、练习法 （2）重点与难点：成型刀的刃磨	6

续表

2.1.3 高级职业技能培训要求				2.2.3 高级职业技能培训课程规范			
职业功能模块（模块）	培训内容（课程）	技能目标	培训细目	学习单元	课程内容	培训建议	课堂学时
2．数控编程	2-1 手工编程	2-1-1 能运用变量编程编制含有公式曲线的零件数控加工程序	（1）含有二次曲线的零件变量编程	（1）变量编程基础知识	1）宏程序的概念和作用	（1）方法：讲授法 （2）重点与难点：变量编程方法	4
					2）变量 ①变量的表示 ②变量的类型、范围、引用、赋值		
					3）算术运算、逻辑运算		
					4）宏程序的调用方法 ①非模态调用、模态调用 ②宏程序编制的注意事项		
					5）宏程序的控制指令 ①无条件转移指令 ②条件转移指令 ③循环指令		
				（2）含二次曲线的零件变量编程	1）二次曲线的数学表达	（1）方法：讲授法、练习法 （2）重点与难点：公式曲线的计算，起点、重点查验	6
					2）椭圆的变量编程		
					3）抛物线的变量编程		
					4）双曲线的变量编程		
	2-2 计算机辅助编程	2-2-1 能用计算机绘图软件绘制装配图	（1）用计算机软件绘制零件装配图 （2）用计算机软件绘制部件装配图	（1）平口钳装配图绘制	1）连接关系的图形表示	（1）方法：讲授法、演示法、练习法 （2）重点与难点：装配关系表达	8
					2）装配组合图形的表示		
					3）极限位置的表达		
		2-2-2 能用计算机绘图软件辅助编程	（1）用计算机绘图软件辅助编程	（2）简单自动编程	1）计算机辅助编程基础	（1）方法：讲授法、练习法 （2）重点与难点：走刀路线设计	8
					2）轮廓编程 ①轮廓粗车、精车 ②切槽 ③螺纹加工		
					3）参数设置		
					4）生成代码		
					5）传输功能		

续表

<table>
<tr><th colspan="4">2.1.3 高级职业技能培训要求</th><th colspan="4">2.2.3 高级职业技能培训课程规范</th></tr>
<tr><th>职业功能模块（模块）</th><th>培训内容（课程）</th><th>技能目标</th><th>培训细目</th><th>学习单元</th><th>课程内容</th><th>培训建议</th><th>课堂学时</th></tr>
<tr><td rowspan="5">2. 数控编程</td><td rowspan="5">2-3 数控加工仿真</td><td rowspan="5">2-3-1 能利用数控加工仿真软件实施多轴加工过程仿真及工时估算</td><td rowspan="5">（1）用数控加工仿真软件进行多轴加工过程仿真
（2）用数控加工仿真软件进行加工工时估算</td><td rowspan="2">（1）多轴加工过程仿真</td><td>1）车削中心工艺特点及应用</td><td rowspan="2">（1）方法：讲授法、演示法、练习法
（2）重点与难点：加工过程仿真</td><td rowspan="2">4</td></tr>
<tr><td>2）车削中心加工过程仿真</td></tr>
<tr><td rowspan="3">（2）数控加工工时估算</td><td>1）工时估算的依据</td><td rowspan="3">（1）方法：讲授法
（2）重点与难点：工时估算与实践的结合</td><td rowspan="3">2</td></tr>
<tr><td>2）工时估算的方法和意义</td></tr>
<tr><td>3）加工运行时间估算</td></tr>
<tr><td rowspan="15">3. 零件加工</td><td rowspan="8">3-1 轮廓加工</td><td rowspan="8">3-1-1 能进行细长、薄壁零件加工，并达到以下要求：
（1）轴径公差等级：IT6
（2）孔径公差等级：IT7
（3）几何公差等级：IT8
（4）表面粗糙度：Ra1.6 μm</td><td rowspan="8">（1）细长轴零件车削加工
（2）薄壁零件车削加工</td><td rowspan="4">（1）细长轴零件车削加工</td><td>1）细长轴的概念</td><td rowspan="4">（1）方法：讲授法、演示法、练习法
（2）重点与难点：细长轴加工工艺</td><td rowspan="4">12</td></tr>
<tr><td>2）细长轴零件的加工特点</td></tr>
<tr><td>3）细长轴零件的装夹及变形解决方法</td></tr>
<tr><td>4）典型细长轴零件的加工工艺分析</td></tr>
<tr><td rowspan="4">（2）薄壁零件车削加工</td><td>1）薄壁零件的概念及种类
①壳体类
②套筒类
③轴尖类</td><td rowspan="4">（1）方法：讲授法、演示法、练习法
（2）重点与难点：薄壁零件的装夹</td><td rowspan="4">12</td></tr>
<tr><td>2）薄壁零件加工特点</td></tr>
<tr><td>3）薄壁零件的装夹及变形解决方法</td></tr>
<tr><td>4）典型薄壁零件加工工艺分析</td></tr>
<tr><td rowspan="7">3-2 螺纹加工</td><td rowspan="7">3-2-1 能进行单线和多线等节距的T形螺纹、锥螺纹加工，并达到以下要求：
（1）尺寸公差等级：IT6
（2）几何公差等级：IT8
（3）表面粗糙度：Ra1.6 μm</td><td rowspan="7">（1）等节距T形螺纹车削加工
（2）等节距锥螺纹车削加工</td><td rowspan="7">（1）等节距T形螺纹车削加工</td><td>1）T形螺纹的概念及种类</td><td rowspan="7">（1）方法：讲授法、演示法、练习法
（2）重点与难点：T形螺纹刀具分析、程序编制</td><td rowspan="7">12</td></tr>
<tr><td>2）T形螺纹刀具选择</td></tr>
<tr><td>3）T形螺纹工艺参数选择</td></tr>
<tr><td>4）T形螺纹加工程序编制</td></tr>
<tr><td>5）T形螺纹加工注意事项</td></tr>
<tr><td>6）T形螺纹精度检测</td></tr>
<tr><td>7）典型T形螺纹加工工艺分析</td></tr>
</table>

续表

<table>
<tr><th colspan="4">2.1.3 高级职业技能培训要求</th><th colspan="4">2.2.3 高级职业技能培训课程规范</th></tr>
<tr><th>职业功能模块（模块）</th><th>培训内容（课程）</th><th>技能目标</th><th>培训细目</th><th>学习单元</th><th>课程内容</th><th>培训建议</th><th>课堂学时</th></tr>
<tr><td rowspan="17">3. 零件加工</td><td rowspan="12">3-2 螺纹加工</td><td rowspan="7">3-2-1 能进行单线和多线等节距的T形螺纹、锥螺纹加工，并达到以下要求：
(1) 尺寸公差等级：IT6
(2) 几何公差等级：IT8
(3) 表面粗糙度：Ra 1.6 μm</td><td rowspan="7">(1) 等节距T形螺纹车削加工
(2) 等节距锥螺纹车削加工</td><td rowspan="7">(2) 等节距锥螺纹车削加工</td><td>1) 锥螺纹种类及适用场合</td><td rowspan="7">(1) 方法：讲授法、演示法、练习法
(2) 重点与难点：加工精度检测</td><td rowspan="7">12</td></tr>
<tr><td>2) 锥螺纹刀具选择</td></tr>
<tr><td>3) 锥螺纹工艺参数选择</td></tr>
<tr><td>4) 锥螺纹加工程序编制</td></tr>
<tr><td>5) 锥螺纹加工注意事项</td></tr>
<tr><td>6) 锥螺纹加工精度检测</td></tr>
<tr><td>7) 典型锥螺纹加工工艺分析</td></tr>
<tr><td rowspan="5">3-2-2 能进行变节距螺纹的加工，并达到以下要求：
(1) 尺寸公差等级：IT6
(2) 几何公差等级：IT7
(3) 表面粗糙度：Ra1.6 μm</td><td rowspan="5">(1) 变节距螺纹车削加工</td><td rowspan="5">(3) 变节距螺纹车削加工</td><td>1) 变节距螺纹种类及适用场合</td><td rowspan="5">(1) 方法：讲授法、演示法、练习法
(2) 重点与难点：起刀点设置</td><td rowspan="5">12</td></tr>
<tr><td>2) 变节距螺纹加工程序编制</td></tr>
<tr><td>3) 变节距螺纹加工注意事项</td></tr>
<tr><td>4) 变节距螺纹加工精度检测</td></tr>
<tr><td>5) 典型变节距螺纹加工工艺分析</td></tr>
<tr><td rowspan="5">3-3 孔加工</td><td rowspan="5">3-3-1 能进行深孔加工，并达到以下要求：
(1) 尺寸公差等级：IT6
(2) 几何公差等级：IT8
(3) 表面粗糙度：Ra1.6 μm</td><td rowspan="5">(1) 深孔类零件车削加工</td><td rowspan="5">(1) 深孔类零件车削加工</td><td>1) 深孔的概念</td><td rowspan="5">(1) 方法：讲授法、演示法、练习法
(2) 重点与难点：深孔类零件加工工艺</td><td rowspan="5">14</td></tr>
<tr><td>2) 深孔类零件加工难点分析</td></tr>
<tr><td>3) 深孔类零件加工刀具选择</td></tr>
<tr><td>4) 深孔类零件加工精度检测</td></tr>
<tr><td>5) 典型深孔类零件加工工艺分析</td></tr>
</table>

续表

2.1.3　高级职业技能培训要求				2.2.3　高级职业技能培训课程规范			
职业功能模块（模块）	培训内容（课程）	技能目标	培训细目	学习单元	课程内容	培训建议	课堂学时
3. 零件加工	3-4　配合件加工	3-4-1　能按装配图上的技术要求对套件进行零件加工和组装，配合公差达到IT7级	（1）轴套配合件车削加工 （2）锥度配合件车削加工 （3）曲面配合件车削加工	（1）轴套配合件车削加工	1）配合的概念及类型 2）轴套配合件加工难点分析 3）轴套配合件加工精度检测 4）轴套配合件的组装	（1）方法：讲授法、演示法、练习法 （2）重点与难点：配合间隙控制	16
				（2）锥度配合件车削加工	1）锥度配合件加工难点分析 2）锥度配合件加工精度检测 3）锥度配合件的组装	（1）方法：讲授法、演示法、练习法 （2）重点与难点：加工精度检测方法、锥度控制	16
				（3）曲面配合件车削加工	1）曲面配合件加工难点分析 2）曲面配合件加工精度检测 3）曲面配合件的组装	（1）方法：讲授法、演示法、练习法 （2）重点与难点：加工精度检测方法	16
	3-5　零件精度检验	3-5-1　能在加工过程中使用百分表、千分表等进行在线测量，并进行加工技术参数的调整	（1）使用百分表、千分表进行在线测量 （2）加工技术参数调整	（1）使用百分表、千分表进行在线测量及参数调整	1）在线测量技术及意义 2）加工技术参数调整 ①机床反向间隙 ②尾座 ③双顶尖	（1）方法：讲授法、演示法、练习法 （2）重点与难点：在线测量技术	4
		3-5-2　能够进行多线螺纹的检验	（1）多线螺纹精度检验	（2）多线螺纹检验	1）多线螺纹精度检具分析 2）多线螺纹精度检验方案 3）多线螺纹精度检验注意事项	（1）方法：讲授法、演示法、练习法 （2）重点与难点：多线螺纹精度检验方案	4
		3-5-3　能进行加工误差分析	（1）加工误差分析	（3）加工误差分析	1）误差分析的概念 2）尺寸精度误差分析 3）几何精度误差分析 4）表面加工质量误差分析	（1）方法：讲授法、讨论法 （2）重点与难点：几何精度误差分析	4

续表

<table>
<tr><th colspan="4">2.1.3 高级职业技能培训要求</th><th colspan="4">2.2.3 高级职业技能培训课程规范</th></tr>
<tr><th>职业功能模块（模块）</th><th>培训内容（课程）</th><th>技能目标</th><th>培训细目</th><th>学习单元</th><th>课程内容</th><th>培训建议</th><th>课堂学时</th></tr>
<tr><td rowspan="18">4. 数控车床维护与精度检验</td><td rowspan="4">4-1 数控车床日常维护</td><td rowspan="2">4-1-1 能制定数控车床的日常维护规程</td><td rowspan="2">（1）制定数控车床的日常维护规程</td><td rowspan="2">（1）制定数控车床的日常维护规程</td><td>1）数控车床的日常维护规程</td><td rowspan="2">（1）方法：讲授法
（2）重点与难点：日常维护规程制定方法</td><td rowspan="2">2</td></tr>
<tr><td>2）数控车床日常维护规程的制定方法</td></tr>
<tr><td rowspan="2">4-1-2 能监督检查数控车床的日常维护状况</td><td rowspan="2">（1）监督检查数控车床的日常维护状况</td><td rowspan="2">（2）监督检查数控车床的日常维护状况</td><td>1）数控车床维护管理基本知识</td><td rowspan="2">（1）方法：讲授法
（2）重点与难点：日常点检</td><td rowspan="2">2</td></tr>
<tr><td>2）数控车床的日常点检</td></tr>
<tr><td rowspan="14">4-2 数控车床故障诊断</td><td rowspan="8">4-2-1 能判断数控车床机械、液压、气压和冷却系统的一般故障</td><td rowspan="8">（1）数控车床机械系统一般故障判断
（2）数控车床液压系统一般故障判断
（3）数控车床气压系统一般故障判断
（4）数控车床冷却系统一般故障判断</td><td rowspan="2">（1）数控车床机械系统一般故障诊断</td><td>1）数控车床机械系统一般故障类别</td><td rowspan="2">（1）方法：讲授法、练习法
（2）重点与难点：故障分析与判断</td><td rowspan="2">1</td></tr>
<tr><td>2）数控车床常见机械系统故障分析</td></tr>
<tr><td rowspan="2">（2）数控车床液压系统一般故障诊断</td><td>1）数控车床液压系统一般故障类别</td><td rowspan="2">（1）方法：讲授法、练习法
（2）重点与难点：故障分析与判断</td><td rowspan="2">1</td></tr>
<tr><td>2）数控车床常见液压系统故障分析</td></tr>
<tr><td rowspan="2">（3）数控车床气压系统一般故障诊断</td><td>1）数控车床气压系统一般故障类别</td><td rowspan="2">（1）方法：讲授法、练习法
（2）重点与难点：故障分析与判断</td><td rowspan="2">1</td></tr>
<tr><td>2）数控车床常见气压系统故障分析</td></tr>
<tr><td rowspan="2">（4）数控车床冷却系统一般故障诊断</td><td>1）数控车床冷却系统一般故障类别</td><td rowspan="2">（1）方法：讲授法、练习法
（2）重点与难点：故障分析与判断</td><td rowspan="2">1</td></tr>
<tr><td>2）数控车床常见冷却系统故障分析</td></tr>
<tr><td rowspan="4">4-2-2 能判断数控车床控制与电气系统的一般故障</td><td rowspan="4">（1）数控车床控制系统的一般故障判断
（2）数控车床电气系统的一般故障判断</td><td rowspan="2">（5）数控车床控制系统一般故障判断</td><td>1）数控车床控制系统组成</td><td rowspan="2">（1）方法：讲授法、练习法
（2）重点与难点：故障分析与判断</td><td rowspan="2">2</td></tr>
<tr><td>2）数控车床常见控制系统故障分析</td></tr>
<tr><td rowspan="2">（6）数控车床电气系统一般故障判断</td><td>1）数控车床电气系统组成</td><td rowspan="2">（1）方法：讲授法、练习法
（2）重点与难点：故障分析与判断</td><td rowspan="2">2</td></tr>
<tr><td>2）数控车床常见电气系统故障分析</td></tr>
<tr><td rowspan="2">4-2-3 能够判断数控车床刀架的一般故障</td><td rowspan="2">（1）数控车床刀架的一般故障判断</td><td rowspan="2">（7）数控车床刀架的一般故障判断</td><td>1）数控车床刀架的结构</td><td rowspan="2">（1）方法：讲授法
（2）重点与难点：故障分析与判断</td><td rowspan="2">4</td></tr>
<tr><td>2）数控车床刀架常见故障分析</td></tr>
</table>

续表

2.1.3　高级职业技能培训要求				2.2.3　高级职业技能培训课程规范			
职业功能模块（模块）	培训内容（课程）	技能目标	培训细目	学习单元	课程内容	培训建议	课堂学时
4. 数控车床维护与精度检验	4–3 机床精度检验	4-3-1 能利用量具、量规对机床主轴的垂直平行度、机床水平度等一般机床几何精度进行检验	(1) 床身导轨的直线度和平行度检验 (2) 溜板在水平面内移动的直线度检验 (3) 尾座移动对溜板移动的平行度检验 (4) 主轴跳动检验 (5) 主轴定心轴颈的径向跳动检验 (6) 主轴锥孔轴线的径向跳动检验 (7) 主轴轴线（对溜板移动）的平行度检验 (8) 主轴颈尖的跳动检验 (9) 尾座套筒轴线（对溜板移动）的平行度检验 (10) 尾座套筒锥孔轴线（对溜板移动）的平行度检验 (11) 床头和尾座两顶尖的等高度检验 (12) 刀架横向移动对主轴轴线的垂直度检验 (13) 刀架转位的重复定位精度、刀架转位X轴方向回转重复定位精度检验	(1) 机床几何精度检验	1）数控车床的几何精度 2）数控车床几何精度的出厂检验标准 3）数控车床一般几何精度检验	(1) 方法：讲授法、演示法、练习法 (2) 重点与难点：几何精度检验方法	4

续表

2.1.3 高级职业技能培训要求				2.2.3 高级职业技能培训课程规范			
职业功能模块（模块）	培训内容（课程）	技能目标	培训细目	学习单元	课程内容	培训建议	课堂学时
4. 数控车床维护与精度检验	4-3 机床精度检验	4-3-2 能进行机床切削精度检验	(1) 数控车床切削精度检验	(2) 数控车床切削精度检验	1) 数控车床的切削精度 2) 数控车床切削精度的出厂检验标准 3) 数控车床切削精度检验	(1) 方法：讲授法、演示法、练习法 (2) 重点与难点：切削精度检验方法	4
课堂学时合计							260

附录 4　技师职业技能培训要求与课程规范对照表

2.1.4 技师职业技能培训要求				2.2.4 技师职业技能培训课程规范			
职业功能模块（模块）	培训内容（课程）	技能目标	培训细目	学习单元	课程内容	培训建议	课堂学时
1. 加工准备	1-1 读图与绘图	1-1-1 能绘制工装装配图	(1) 绘制通用夹具装配图 (2) 绘制专用夹具装配图	(1) 通用夹具装配图绘制	1) 通用夹具的种类及用途 2) 通用夹具基本元件 3) 典型组合夹具装配图绘制	(1) 方法：讲授法、实物示教法、练习法 (2) 重点与难点：组合夹具装配图的绘制	4
				(2) 专用夹具装配图绘制	1) 常见结构专用夹具的种类及用途 2) 典型专用夹具绘制（弯板夹具）	(1) 方法：讲授法、练习法 (2) 重点与难点：专用夹具装配图的绘制	4
		1-1-2 能读懂常用数控车床的机械结构图及装配图	(1) 常用数控车床机械结构图识读 (2) 数控车床典型机构装配图识读	(3) 常用数控车床机械结构图识读	1) 数控车床机械结构构成 2) 数控车床机械结构图的识读	(1) 方法：讲授法、案例教学法、练习法、实物示教法 (2) 重点与难点：数控车床典型传动机构结构图识读	4
				(4) 数控车床典型机构装配图识读	1) 主轴传动部件功能与配合关系分析 2) 换刀机构部件功能与配合关系分析 3) 直线传动机构部件功能与配合关系分析	(1) 方法：讲授法、练习法、实物示教法 (2) 重点与难点：零部件配合与运动关系分析	6

续表

<table>
<tr><th colspan="4">2.1.4 技师职业技能培训要求</th><th colspan="4">2.2.4 技师职业技能培训课程规范</th></tr>
<tr><th>职业功能模块（模块）</th><th>培训内容（课程）</th><th>技能目标</th><th>培训细目</th><th>学习单元</th><th>课程内容</th><th>培训建议</th><th>课堂学时</th></tr>
<tr><td rowspan="19">1. 加工准备</td><td rowspan="19">1-2 制定加工工艺</td><td rowspan="6">1-2-1 能编制高难度、高精密、特殊材料零件的数控加工多工种工艺文件</td><td rowspan="6">（1）高难度、高精密零件数控加工工艺文件编制
（2）精度为IT6级难切削材料零件的数控加工工艺文件编制</td><td rowspan="3">（1）高难度、高精密零件数控加工工艺文件编制</td><td>1）机械加工工艺种类及不同工艺的用途、特点</td><td rowspan="3">（1）方法：讨论法、案例教学法
（2）重点与难点：高难度、高精零件的加工难点及工艺思路</td><td rowspan="3">8</td></tr>
<tr><td>2）高难度、高精密零件的加工难点及工艺思路</td></tr>
<tr><td>3）异形零件加工工艺难点分析及解决方法</td></tr>
<tr><td rowspan="3">（2）特殊材料零件数控加工工艺文件编制</td><td>1）特殊材料种类、特性及切削特点</td><td rowspan="3">（1）方法：讨论法、案例教学法
（2）重点与难点：特殊材料种类、特性及切削特点、常用加工工艺</td><td rowspan="3">8</td></tr>
<tr><td>2）特殊材料常用加工工艺</td></tr>
<tr><td>3）不锈钢轴套加工工艺难点分析及解决方法</td></tr>
<tr><td rowspan="2">1-2-2 能对零件的数控加工工艺进行合理性分析，并提出改进建议</td><td rowspan="2">（1）数控加工工艺合理性分析
（2）编制轴套类零件加工工艺改进建议书</td><td rowspan="2">（3）轴套类零件加工工艺改进建议书编制</td><td>1）轴套类零件加工工艺特征</td><td rowspan="2">（1）方法：讨论法、案例教学法
（2）重点：轴套类零件加工工艺特征
（3）难点：制订工艺改进方案</td><td rowspan="2">8</td></tr>
<tr><td>2）轴套类零件典型案例分析与工艺改进</td></tr>
<tr><td rowspan="11">1-2-3 能推广应用新知识、新技术、新工艺、新材料</td><td rowspan="11">（1）数控加工新知识应用
（2）数控加工新技术应用
（3）数控加工新工艺应用
（4）新材料应用</td><td rowspan="2">（4）数控加工新知识</td><td>1）高速加工</td><td rowspan="2">（1）方法：讲授法、观摩法、演示法
（2）重点：高速加工，互联网加工</td><td rowspan="2">2</td></tr>
<tr><td>2）互联网加工</td></tr>
<tr><td rowspan="4">（5）数控加工新技术</td><td>1）机床控制新技术</td><td rowspan="4">（1）方法：讲授法、观摩法、演示法
（2）重点：机床控制新技术</td><td rowspan="4">2</td></tr>
<tr><td>2）虚拟加工技术</td></tr>
<tr><td>3）激光加工技术</td></tr>
<tr><td>4）超声加工技术</td></tr>
<tr><td rowspan="2">（6）数控加工新工艺</td><td>1）3D 打印技术</td><td rowspan="2">（1）方法：讲授法、观摩法、演示法
（2）重点与难点：3D 打印技术，复合加工工艺</td><td rowspan="2">2</td></tr>
<tr><td>2）复合加工工艺</td></tr>
<tr><td rowspan="3">（7）新材料应用</td><td>1）复合材料特性及加工特点</td><td rowspan="3">（1）方法：讲授法、观摩法、演示法
（2）重点：新型材料的加工特点</td><td rowspan="3">2</td></tr>
<tr><td>2）陶瓷材料特性及加工特点</td></tr>
<tr><td>3）其他新型材料特性及加工特点</td></tr>
</table>

续表

<table>
<tr><th colspan="4">2.1.4　技师职业技能培训要求</th><th colspan="4">2.2.4　技师职业技能培训课程规范</th></tr>
<tr><th>职业功能模块（模块）</th><th>培训内容（课程）</th><th>技能目标</th><th>培训细目</th><th>学习单元</th><th>课程内容</th><th>培训建议</th><th>课堂学时</th></tr>
<tr><td rowspan="14">1．加工准备</td><td rowspan="4">1-3　零件定位与装夹</td><td rowspan="4">1-3-1　能设计与制作零件的专用夹具</td><td rowspan="4">（1）设计制作轴套类零件专用夹具
（2）设计制作盘类零件专用夹具</td><td rowspan="2">（1）轴套类零件专用夹具设计与制作</td><td>1）轴套类零件专用夹具的特点及构成</td><td rowspan="2">（1）方法：讨论法、练习法、案例教学法
（2）重点与难点：轴套类零件专用夹具的特点及构成</td><td rowspan="2">4</td></tr>
<tr><td>2）典型轴套类零件夹具设计制作</td></tr>
<tr><td rowspan="2">（2）盘类零件专用夹具设计与制作</td><td>1）盘类零件专用夹具的特点及构成</td><td rowspan="2">（1）方法：讨论法、练习法、案例教学法
（2）重点与难点：盘类零件专用夹具的特点及构成</td><td rowspan="2">4</td></tr>
<tr><td>2）典型盘类零件专用夹具设计制作</td></tr>
<tr><td rowspan="10">1-4　刀具准备</td><td rowspan="5">1-4-1　能依据切削条件和刀具条件估算刀具的使用寿命</td><td rowspan="5">（1）计算金属去除率
（2）估算刀具使用寿命</td><td rowspan="2">（1）金属去除率计算</td><td>1）切削三要素与金属去除率</td><td rowspan="2">（1）方法：讲授法
（2）重点与难点：切削三要素与金属去除率</td><td rowspan="2">2</td></tr>
<tr><td>2）金属去除率计算</td></tr>
<tr><td rowspan="3">（2）刀具寿命估算</td><td>1）刀具磨损形式</td><td rowspan="3">（1）方法：讲授法
（2）重点与难点：刀具磨损形式、影响刀具磨损的因素</td><td rowspan="3">2</td></tr>
<tr><td>2）影响刀具磨损的因素</td></tr>
<tr><td>3）刀具寿命估算</td></tr>
<tr><td rowspan="3">1-4-2　能根据刀具寿命计算并设置相关参数</td><td rowspan="3">（1）刀具寿命管理参数应用</td><td rowspan="3">（3）机床刀具寿命管理功能应用</td><td>1）机床刀具寿命管理功能的特点</td><td rowspan="3">（1）方法：讲授法、演示法
（2）重点与难点：延长刀具寿命的方法</td><td rowspan="3">4</td></tr>
<tr><td>2）刀具寿命的参数设定方法</td></tr>
<tr><td>3）延长刀具寿命的方法</td></tr>
<tr><td rowspan="2">1-4-3　能推广应用新刀具</td><td rowspan="2">（1）新刀具应用</td><td rowspan="2">（4）新刀具应用</td><td>1）新型刀具材料、种类</td><td rowspan="2">（1）方法：讲授法、演示法
（2）重点：新型刀具切削加工特征</td><td rowspan="2">2</td></tr>
<tr><td>2）新型刀具切削加工特点与应用案例</td></tr>
</table>

续表

<table>
<tr><th colspan="4">2.1.4 技师职业技能培训要求</th><th colspan="4">2.2.4 技师职业技能培训课程规范</th></tr>
<tr><th>职业功能模块（模块）</th><th>培训内容（课程）</th><th>技能目标</th><th>培训细目</th><th>学习单元</th><th>课程内容</th><th>培训建议</th><th>课堂学时</th></tr>
<tr><td rowspan="20">2. 数控编程</td><td rowspan="9">2-1 手工编程</td><td rowspan="6">2-1-1 能够编制车削中心三轴加工程序</td><td rowspan="6">（1）编制分度孔加工程序
（2）编制端面方形铣削程序</td><td rowspan="3">（1）编制分度孔加工程序</td><td>1）C 轴分度加工指令</td><td rowspan="3">（1）方法：讲授法、练习法
（2）重点与难点：C 轴分度加工指令，C 轴分度加工刀具路径控制</td><td rowspan="3">6</td></tr>
<tr><td>2）C 轴分度加工刀具路径控制</td></tr>
<tr><td>3）C 轴分度加工手工编程</td></tr>
<tr><td rowspan="3">（2）编制端面方形铣削程序</td><td>1）三轴加工指令</td><td rowspan="3">（1）方法：讲授法、练习法
（2）重点与难点：三轴加工刀具路径控制</td><td rowspan="3">6</td></tr>
<tr><td>2）三轴加工刀具路径控制</td></tr>
<tr><td>3）三轴加工手工编程</td></tr>
<tr><td rowspan="3">2-1-2 能够编制车铣中心三轴及三轴以上（含旋转轴）的加工程序</td><td rowspan="3">（1）编制外圆柱面凸轮槽车铣加工程序</td><td rowspan="3">（3）编制外圆柱面凸轮槽车铣加工程序</td><td>1）Y 轴车床结构与功能</td><td rowspan="3">（1）方法：讲授法、练习法
（2）重点与难点：Y 轴车床结构与功能、Y 轴编程指令及刀具路径</td><td rowspan="3">8</td></tr>
<tr><td>2）Y 轴编程指令及刀具路径</td></tr>
<tr><td>3）Y 轴手工编程</td></tr>
<tr><td rowspan="7">2-2 计算机辅助编程</td><td rowspan="6">2-2-1 能用计算机辅助设计/制造软件进行车削零件的造型和生成加工轨迹</td><td rowspan="6">（1）车削零件造型
（2）车削加工轨迹生成</td><td rowspan="3">（1）车削零件造型</td><td>1）CAD/CAM 软件使用</td><td rowspan="3">（1）方法：讲授法、练习法
（2）重点与难点：CAD/CAM 软件功能应用</td><td rowspan="3">6</td></tr>
<tr><td>2）车削轮廓造型</td></tr>
<tr><td>3）刀具参数设置</td></tr>
<tr><td rowspan="3">（2）车削加工轨迹生成</td><td>1）切削路径选择</td><td rowspan="3">（1）方法：讲授法、练习法
（2）重点与难点：切削路径选择</td><td rowspan="3">6</td></tr>
<tr><td>2）刀具参数设置</td></tr>
<tr><td>3）轨迹生成及校验</td></tr>
<tr><td>2-2-2 能够根据不同的数控系统进行后置处理并生成加工代码</td><td>（1）后置参数设置
（2）程序生成及校验</td><td>（3）后置参数设置

（4）程序生成及校验</td><td>1）后置参数功能
2）后置参数设置

1）G 代码生成与传输
2）程序模拟校验</td><td>（1）方法：讲授法、练习法
（2）重点与难点：后置参数设置

（1）方法：讲授法、练习法
（2）重点与难点：程序模拟校验</td><td>4

4</td></tr>
<tr><td>2-3 数控加工仿真</td><td>2-3-1 能够利用数控加工仿真软件分析和优化数控加工工艺</td><td>（1）加工过程仿真及优化</td><td>（1）加工过程仿真及优化</td><td>1）模拟软件功能
2）干涉检查
3）形状检查
4）程序优化</td><td>（1）方法：讲授法、练习法
（2）重点与难点：模拟软件功能</td><td>6</td></tr>
</table>

续表

<table>
<tr><th colspan="4">2.1.4 技师职业技能培训要求</th><th colspan="4">2.2.4 技师职业技能培训课程规范</th></tr>
<tr><th>职业功能模块（模块）</th><th>培训内容（课程）</th><th>技能目标</th><th>培训细目</th><th>学习单元</th><th>课程内容</th><th>培训建议</th><th>课堂学时</th></tr>
<tr><td rowspan="19">3．零件加工</td><td rowspan="12">3-1 轮廓加工</td><td rowspan="5">3-1-1 能编制数控加工程序车削多拐曲轴达到以下要求：
（1）直径公差等级：IT6
（2）表面粗糙度：$Ra1.6\ \mu m$</td><td rowspan="5">（1）多拐曲轴加工</td><td rowspan="5">（1）多拐曲轴车削加工</td><td>1）曲轴装夹找正</td><td rowspan="5">（1）方法：练习法
（2）重点：曲轴加工
（3）难点：曲轴装夹找正</td><td rowspan="5">12</td></tr>
<tr><td>2）配重安装</td></tr>
<tr><td>3）切削参数调整</td></tr>
<tr><td>4）曲轴的加工</td></tr>
<tr><td>5）在线精度检测</td></tr>
<tr><td rowspan="7">3-1-2 能编制数控加工程序对适合在车削中心加工的带有车削、铣削等工序的复杂零件进行加工</td><td rowspan="7">（1）车削加工中心操作
（2）车铣复合加工试切调试</td><td rowspan="4">（2）车削加工中心操作</td><td>1）工件坐标系建立</td><td rowspan="4">（1）方法：演示法、练习法
（2）重点与难点：工件坐标系建立，刀具参数设置</td><td rowspan="4">8</td></tr>
<tr><td>2）刀具参数设置</td></tr>
<tr><td>3）中断与重启</td></tr>
<tr><td>4）行程与干涉检查</td></tr>
<tr><td rowspan="3">（3）车铣复合加工试切调试</td><td>1）车削程序调试</td><td rowspan="3">（1）方法：演示法、练习法
（2）重点与难点：程序调试</td><td rowspan="3">10</td></tr>
<tr><td>2）钻削程序调试</td></tr>
<tr><td>3）铣削程序调试</td></tr>
<tr><td rowspan="7">3-2 配合件加工</td><td rowspan="7">3-2-1 能进行两件（含两件）以上具有多处尺寸链配合的零件加工与配合</td><td rowspan="7">（1）多尺寸链锥度配合件加工
（2）多尺寸链曲面配合件加工
（3）多尺寸链轴向配合件加工
（4）多尺寸链螺纹配合件加工</td><td rowspan="3">（1）配合精度控制方法</td><td>1）配合加工种类及特征</td><td rowspan="3">（1）方法：讨论法、案例教学法、练习法
（2）难点：多尺寸链配合精度控制方法</td><td rowspan="3">6</td></tr>
<tr><td>2）影响配合精度的因素</td></tr>
<tr><td>3）配合精度控制方法</td></tr>
<tr><td rowspan="4">（2）多尺寸链配合件加工与精度控制</td><td>1）锥度配合精度控制</td><td rowspan="4">（1）方法：讨论法、案例教学法、练习法
（2）难点：各种配合结构精度控制</td><td rowspan="4">10</td></tr>
<tr><td>2）曲面配合精度控制</td></tr>
<tr><td>3）轴向配合尺寸控制</td></tr>
<tr><td>4）螺纹配合尺寸控制</td></tr>
</table>

续表

2.1.4 技师职业技能培训要求				2.2.4 技师职业技能培训课程规范			
职业功能模块（模块）	培训内容（课程）	技能目标	培训细目	学习单元	课程内容	培训建议	课堂学时
3．零件加工	3-3 零件精度检验	3-3-1 能根据测量结果对加工误差进行分析并提出改进措施	（1）根据测量结果进行加工误差分析	（1）加工误差分析	1）轴向尺寸误差原因分析与改进措施	（1）方法：讨论法、案例教学法 （2）重点与难点：几何误差原因分析与改进措施	8
					2）径向尺寸误差原因分析与改进措施		
					3）形状误差原因分析与改进措施		
					4）位置误差原因分析与改进措施		
4．数控车床维护与精度检验	4-1 数控车床维护	4-1-1 能排除数控车床机械、液压、气压和冷却系统的一般故障	（1）数控车床机械系统一般故障排除 （2）数控车床液压系统一般故障排除 （3）数控车床气压系统一般故障排除 （4）数控车床冷却系统一般故障排除	（1）数控车床机械与液压系统一般故障排除	1）数控车床机械系统一般故障的排除	（1）方法：讲授性、案例教学性 （2）重点与难点：机械系统故障判断，液压工作原理图分析	2
					2）数控车床液压系统一般故障的排除		
				（2）数控车床气压与冷却一般故障排除	1）数控车床气压系统一般故障的排除	（1）方法：讲授法、案例分析法 （2）重点与难点：气压和冷却系统故障判断与排除	2
					2）数控车床冷却系统一般故障排除		
		4-1-2 能排除数控车床控制和电气系统的一般故障	（1）数控车床控制系统一般故障排除 （2）数控车床电气系统一般故障排除	（3）数控车床控制和电气系统一般故障排除	1）数控车床控制系统一般故障的排除	（1）方法：讲授法、案例教学法 （2）重点与难点：控制和电气系统故障判断与排除	2
					2）数控车床电气系统一般故障排除		
		4-1-3 能排除数控车床刀架的一般故障	（1）数控车床刀架一般故障排除	（4）数控车床刀架一般故障排除	1）数控车床刀架一般故障的排除	（1）方法：讲授法、案例教学法 （2）重点与难点：刀架故障判断与排除	2
	4-2 精度检验	4-2-1 能够进行机床定位精度、重复定位精度的检验	（1）机床定位精度检验 （2）机床重复定位精度检验	（1）机床定位精度、重复定位精度检验	1）激光干涉仪的使用方法	（1）方法：讲授法、演示法、练习法 （2）重点与难点：定位精度与重复定位精度原理及检测方法	6
					2）定位精度与重复定位精度原理		
					3）定位精度与重复定位精度检测		
		4-2-2 能根据机床切削精度判断机床精度误差	（1）机床动态精度验收	（2）机床动态精度验收	1）机床动态特性的基本原理	（1）方法：讲授法、演示法、练习法 （2）重点与难点：机床动态精度检测原理及检测方法	4
					2）机床动态精度验收		

续表

2.1.4 技师职业技能培训要求				2.2.4 技师职业技能培训课程规范			
职业功能模块（模块）	培训内容（课程）	技能目标	培训细目	学习单元	课程内容	培训建议	课堂学时
5. 培训与管理	5-1 操作指导	5-1-1 能指导本职业中级、高级工进行实际操作	(1) 操作技能指导	(1) 操作技能指导	1）操作演示方法 2）数控车床操作中级、高级技能评价	(1) 方法：讲授法、讨论法、观摩法 (2) 重点与难点：操作指导书编制	4
	5-2 理论培训	5-2-1 能对本职业中级、高级工和技师进行理论培训	(1) 理论培训	(1) 理论培训	1）培训方案制订 2）理论知识讲解 3）培训现场组织 4）培训效果评价	(1) 方法：讲授法、讨论法、观摩法 (2) 重点：培训方案制订	2
	5-3 质量管理	5-3-1 能在本职工作中认真贯彻各项质量标准	(1) 贯彻质量标准	(1) 贯彻质量标准	1）班组生产质量检测标准制订 2）个人生产质量提升方案制订	(1) 方法：讲授法、讨论法、观摩法 (2) 重点与难点：班组生产质量提升方案制订	2
	5-4 生产管理	5-4-1 能协助部门领导进行生产计划、调度及人员的管理	(1) 班组管理	(1) 班组管理	1）班组生产计划制订 2）班组生产组织 3）班组生产质量控制	(1) 方法：讲授法、讨论法 (2) 重点与难点：班组生产质量控制	2
	5-5 技术改造与创新	5-5-1 能够进行加工工艺、夹具、刀具的改进	(1) 加工工艺、夹具、刀具技术革新	(1) 技术革新	1）加工工艺改进方案制订 2）夹具改进设计方案制订 3）刀具改进设计方案制订	(1) 方法：讲授法、讨论法 (2) 重点与难点：加工工艺改进方案制订、刀具改进设计方案制订	4
课堂学时合计							200

附录 5　高级技师职业技能培训要求与课程规范对照表

2.1.5 高级技师职业技能培训要求				2.2.5 高级技师职业技能培训课程规范			
职业功能模块（模块）	培训内容（课程）	技能目标	培训细目	学习单元	课程内容	培训建议	课堂学时
1. 工艺分析与设计	1-1 读图与绘图	1-1-1 能绘制复杂工装装配图	(1) 复杂工装装配图绘制与校核	(1) 自动化复杂工装装配图识读与分析	1）自动化多工位工装结构分析 2）快速夹紧工装设计方法	(1) 方法：讲授法、讨论法、演示法 (2) 重点与难点：复杂工装装配图识读、功能分析及设计方法	10
				(2) 复杂工装装配图绘制	1）工装零件 CAD 三维造型与装配 2）快速夹紧工装装配图绘制	(1) 方法：练习法 (2) 重点与难点：复杂工装装配图绘制	10

续表

2.1.5 高级技师职业技能培训要求				2.2.5 高级技师职业技能培训课程规范			
职业功能模块（模块）	培训内容（课程）	技能目标	培训细目	学习单元	课程内容	培训建议	课堂学时
1．工艺分析与设计	1-1 读图与绘图	1-1-2 能读懂常用数控车床的电气、液压原理图	（1）数控车床电气系统原理图识读 （2）数控车床液压系统原理图识读	（3）数控车床电气原理图识读	1）电气原理图的组成 2）常用数控车床电气原理图识读	（1）方法：讲授法、练习法 （2）重点与难点：电气原理图识读	6
				（4）数控车床液压原理图识读	1）液压原理图的组成 2）常用数控车床液压原理图识读	（1）方法：讲授法、练习法 （2）重点与难点：液压原理图识读	6
	1-2 制定加工工艺	1-2-1 能对零件加工工艺提出改进建议	（1）零件加工工艺的优化	（1）典型工艺问题的优化方法	1）典型加工瓶颈案例分析 2）效率提升方案的制订	（1）方法：讲授法、讨论法、案例教学法 （2）重点与难点：工艺问题分析、优化方法	6
		1-2-2 能对高难度、高精密零件的数控加工工艺方案进行优化并实施	（1）高难度零件数控车床加工工艺的优化 （2）高精密零件的数控加工精度保证	（2）难加工零件的数控车床加工工艺优化	1）难加工材料的加工技术 2）典型难加工结构的加工方法	（1）方法：讲授法、讨论法、演示法 （2）重点与难点：工艺优化方法	10
				（3）高精密零件的数控加工精度保证	1）精密零件精度检验方法 2）尺寸和几何公差控制方法	（1）方法：讲授法、演示法、练习法 （2）重点与难点：加工精度检测与控制方法	10
		1-2-3 能编制多轴车削中心的数控加工工艺文件	（1）带动力刀位车削中心加工工艺文件的编制 （2）带刀具主轴车铣中心加工工艺文件的编制	（4）车削中心数控加工工艺文件编制	1）机床性能与适用零件解析 2）车削中心加工工艺文件编制方法 3）典型零件加工方案制订	（1）方法：讲授法、练习法、讨论法 （2）重点与难点：加工工艺方案制订	10
				（5）车铣中心数控加工工艺文件编制	1）机床性能与适用零件解析 2）车铣中心加工工艺特点与计算机辅助编程加工（CAM） 3）典型零件加工方案制订	（1）方法：讲授法、练习法 （2）重点与难点：加工工艺方案制订	10

续表

<table>
<tr><th colspan="4">2.1.5 高级技师职业技能培训要求</th><th colspan="4">2.2.5 高级技师职业技能培训课程规范</th></tr>
<tr><th>职业功能模块（模块）</th><th>培训内容（课程）</th><th>技能目标</th><th>培训细目</th><th>学习单元</th><th>课程内容</th><th>培训建议</th><th>课堂学时</th></tr>
<tr><td rowspan="4">1. 工艺分析与设计</td><td>1-3 零件定位与装夹</td><td>1-3-1 能对现有的数控车床夹具进行误差分析并提出改进建议</td><td>（1）数控车床专用夹具优化</td><td>（1）数控车床专用夹具优化</td><td>1）夹具优化的思路和方法</td><td>（1）方法：讲授法、讨论法、演示法
（2）重点与难点：工装设计方法</td><td>10</td></tr>
<tr><td rowspan="3">1-4 刀具准备</td><td rowspan="3">1-4-1 能根据零件要求设计刀具，并提出制造方法</td><td rowspan="3">（1）根据零件要求设计刀具并提出制造方法</td><td rowspan="3">（1）刀具设计与制造方法</td><td>1）成型刀具设计</td><td rowspan="3">（1）方法：讲授法、讨论法、演示法
（2）重点：刀具的选择
（3）难点：刀具几何参数确定</td><td rowspan="3">10</td></tr>
<tr><td>2）专用刀具设计</td></tr>
<tr><td>3）刀具制造知识
①刀具材料选择
②刀具几何参数</td></tr>
<tr><td rowspan="7">2. 零件加工</td><td rowspan="4">2-1 异形零件加工</td><td rowspan="4">2-1-1 能解决高难度（如十字座类、连杆类、叉架类等异形零件）零件车削加工的技术问题并制定工艺措施</td><td rowspan="4">（1）十字座类零件加工
（2）连杆类零件加工
（3）叉架类零件加工
（4）特种螺纹加工</td><td rowspan="2">（1）异形零件加工方法</td><td>1）加工难点分析方法</td><td rowspan="2">（1）方法：讲授法、讨论法、练习法
（2）重点：加工工艺方案制订
（3）难点：异形零件装夹与加工</td><td rowspan="2">20</td></tr>
<tr><td>2）异形零件数控车床加工难点分析与处理
①十字座类零件加工
②连杆类零件加工
③叉架类零件加工
④特种螺纹加工</td></tr>
<tr><td rowspan="2">（2）CAM 辅助编程与夹具优化</td><td>1）复杂零件加工策略</td><td rowspan="2">（1）方法：讲授法、讨论法、练习法
（2）重点：辅助编程与夹具优化
（3）难点：夹具优化</td><td rowspan="2">16</td></tr>
<tr><td>2）CAM 辅助编程与夹具优化</td></tr>
<tr><td rowspan="3">2-2 零件精度检验</td><td rowspan="3">2-2-1 能制定高难度零件加工过程中的精度检验方案</td><td rowspan="3">（1）高难度零件在线精度检验方法选择与设计</td><td rowspan="3">（1）高难度零件在线精度检验方法选择与设计</td><td>1）自动化检测设备与技术</td><td rowspan="3">（1）方法：讲授法、讨论法、练习法
（2）重点与难点：在线精度检验方法选择与实施</td><td rowspan="3">16</td></tr>
<tr><td>2）检具设计知识</td></tr>
<tr><td>3）影响加工精度的因素与精度提高措施</td></tr>
</table>

续表

2.1.5　高级技师职业技能培训要求				2.2.5　高级技师职业技能培训课程规范			
职业功能模块（模块）	培训内容（课程）	技能目标	培训细目	学习单元	课程内容	培训建议	课堂学时
3．数控车床维护与精度检验	3–1　数控车床维修	3–1–1　能借助字典看懂数控设备的主要外文技术资料	（1）外文技术资料查阅	（1）数控车床原厂外文技术资料查阅与整理	1）数控车床专业外文知识	（1）方法：讲授法、练习法 （2）重点与难点：专业词汇、检索方法	4
					2）外文技术资料的检索方法		
		3–1–2　能针对机床运行现状合理调整数控系统相关参数	（1）数控机床授权参数的设置	（2）数控车床系统参数调整与数据维护	1）数控系统参数信息表	（1）方法：讲授法、演示法、练习法 （2）重点与难点：数控系统参数功能	4
					2）调整数控系统授权参数		
	3–2　数控车床故障诊断和排除	3–2–1　能根据机床电路图或可编程逻辑控制器（PLC）梯形图检查出故障发生点，并提出机床维修方案	（1）根据电路图分析机床故障并提出维修方案 （2）利用PLC梯形图分析机床故障并提出维修方案	（1）根据电路图分析机床故障并提出维修方案	1）根据电路图分析机床故障，提出维修方案	（1）方法：讲授法、练习法 （2）重点与难点：根据电路图进行机床故障分析	2
				（2）可编程逻辑控制器使用方法	1）PLC基本知识	（1）方法：讲授法、练习法 （2）重点与难点：PLC梯形图识读	4
					2）PLC梯形图的识读		
				（3）利用PLC梯形图分析机床故障并提出维修方案	1）利用PLC梯形图分析机床故障，提出维修方案	（1）方法：讲授法、练习法 （2）重点与难点：利用PLC梯形图进行机床故障分析	2
	3–3　机床精度检验	3–3–1　能利用激光干涉仪或其他设备对数控车床进行定位精度、重复定位精度检验和调整	（1）误差统计与计算 （2）利用激光干涉仪或其他设备进行数控车床精度检验	（1）误差统计和与计算方法	1）误差统计和计算方法	（1）方法：讲授法、练习法 （2）重点与难点：误差统计和计算方法	4
					2）数控系统中机床误差的补偿方法		
				（2）利用激光干涉仪进行数控车床精度检验与调整	1）机床定位精度检验与补偿	（1）方法：演示法、讲授法、练习法 （2）重点与难点：误差分析、精度调整	4
					2）机床重复定位精度检验与补偿		

续表

2.1.5 高级技师职业技能培训要求				2.2.5 高级技师职业技能培训课程规范			
职业功能模块（模块）	培训内容（课程）	技能目标	培训细目	学习单元	课程内容	培训建议	课堂学时
3．数控车床维护与精度检验	3-4 数控设备网络化	3-4-1 能借助网络设备和软件系统实现数控设备的网络化管理	（1）数控设备、软件的联网运行	（1）数控设备、软件的联网运行	1）计算机硬件和软件的相关知识	（1）方法：讲授法、演示法、练习法 （2）重点：网络化设备特性与操作方法	2
					2）网络化加工知识		
4．培训与管理	4-1 操作指导	4-1-1 能指导本职业中级、高级工和技师进行实际操作	（1）实训指导文件的编写	（1）实训指导文件的编写	1）实训教学指导书的编写方法	（1）方法：讲授法、讨论法、练习法、观摩法 （2）难点：指导方法运用	2
	4-2 理论培训	4-2-1 能对本职业中级、高级工和技师进行理论培训	（1）理论课程教学文件的编制	（1）理论课程教学文件的编制	1）教学计划与大纲的编制方法	（1）方法：讲授法、讨论法、练习法 （2）难点：授课方法与技巧	4
					2）教案的编写要求和方法		
					3）教学组织方法		
	4-3 质量管理	4-3-1 能应用全面质量管理知识，实现操作过程的质量分析与控制	（1）加工过程质量分析与控制 （2）质量保障制度的制定与实施	（1）加工过程质量分析与控制	1）质量分析方法	（1）方法：讲授法、讨论法 （2）重点与难点：质量控制方法	4
					2）质量控制方法		
					3）国际质量体系认证知识		
				（2）质量保障制度的制定与实施	1）操作规程、质量控制规程的制定	（1）方法：讲授法、练习法 （2）重点与难点：质量保证相关文件制定	4
					2）生产质量责任制的制定与落实		
	4-4 技术改造与创新	4-4-1 能组织实施技术改造和创新，并撰写相应的论文	（1）创新意识培养 （2）科技论文撰写	（1）创新意识培养	1）创新意识培养方法	（1）方法：讲授法、讨论法 （2）重点：创新意识培养	2
				（2）撰写科技论文	1）科技论文撰写方法	（1）方法：讲授法、练习法 （2）重点与难点：科技论文撰写方法、体例要求	8
					2）撰写科技论文		
课堂学时合计							200